絶対カシミール元

絶対カシミール元

黒川信重【著】
若山正人

岩波書店

まえがき

カシミール元を耳にしたことがありますか？

数学的には大変重要なものでありながら，一部の専門家以外にはほとんど知られていないようです．実は，カシミール元だけ見れば数学の最先端がわかるという，とても根源的なものなのです．

たとえば，現代数学の華であるゼータ関数論や表現論はカシミール元から，すっきりと理解できます．数学最大の未解決問題リーマン予想にも直接つながっています．

カシミール元とは何か，は本文を読んでいただくとし，ここでは，夜空に輝く北極星やおみこしの上に乗っている金の鳥をイメージしていただくとよい，とだけ言っておきましょう．カシミール元とは，そのような中心元です．

カシの木

この本は，線型代数や群と留数解析の初歩を知っていれば読めるように書かれています．この本を読むと，カシミール元は，紀元前500年頃の数学者ピタゴラスの「すべては数である」という思想を現代において実現したものと考えられることもわかってきます．カシミール (Hendrik Casimir ; 1909年7月15日-2000年5月4日) のユニークな人となりも興味深いものです．こ

の本は 2001 年のカシミールの誕生日 7 月 15 日に沖縄・宜野湾で真夏の夕日をのぞんで筆をすすめたものです．

それでは，カシミールの世界を旅してみましょう．

2002 年 1 月

黒川信重，若山正人

目 次

まえがき

序 章　カシミールの軌跡　　　　　　　　　　　　　　　　　　1

第1章　ガロア場　　　　　　　　　　　　　　　　　　　　　　7
　1.1　ガロア体……………………………………………………… 8
　1.2　ゼータとガロア場の風景…………………………………… 9
　　　(a) ゼータ関数とは (9)　(b) 円のゼータ (12)　(c) 基本群のゼータ (15)　(d) 重要な未解決問題 (16)

第2章　カシミール効果とゼータ関数　　　　　　　　　　　　19
　2.1　カシミール効果と発散級数………………………………… 20
　2.2　カシミール効果……………………………………………… 23
　2.3　カシミールエネルギーの定義と計算……………………… 25
　2.4　素数とリーマンゼータ関数………………………………… 33
　　　(a) リーマン予想 (35)　(b) 素数の分布と $\zeta(s)$ (36)

第3章　リー環の表現とカシミール元　　　　　　　　　　　　39
　3.1　リー環とその表現…………………………………………… 40
　3.2　リー環の普遍包絡環とカシミール元……………………… 45
　3.3　ヴェイユ表現と調和振動子………………………………… 52

第4章　カシミール元と球面調和関数　　　　　　　　　　　　63
　4.1　不変微分作用素としてのカシミール元…………………… 64
　4.2　カシミール作用素とカペリ型恒等式……………………… 71

viii 目次

  4.3 球面調和関数の話 ··· 77

第5章 カシミール元の跡とセルバーグゼータ関数 83

  5.1 上半平面の幾何学 ··· 84

  5.2 セルバーグ跡公式とセルバーグゼータ関数 ················· 93

    (a) 離散部分群と素元 (93) (b) セルバーグ跡公式とセルバーグゼータ関数 (101) (c) 素数定理と素測地線定理 (107) (d) 不定値原始2元2次形式の分布 (112)

  5.3 カシミール効果とカシミール作用素の跡 ··················114

第6章 ゼータ関数の行列式表示とリーマン予想 123

  6.1 行列式表示とは？ ··124

  6.2 群作用のゼータの行列式表示とリーマン予想 ············125

  6.3 合同ゼータの行列式表示とリーマン予想 ··················130

  6.4 セルバーグゼータの行列式表示とリーマン予想 ·········132

  6.5 本来のリーマン予想へ ······································140

第7章 絶対カシミール元 143

  7.1 絶対数学とは何か？ ··144

  7.2 絶対線型代数 ··147

  7.3 絶対微分 ··155

  7.4 絶対カシミール元 ··159

付　録 カシミールの論文 169

  A.1 微分方程式に附随する半単純連続群の既約表現の構成について ······························169

  A.2 完全伝導体で出来た2枚の板の間に働く引力について ········173

  問の略解 ··177

参考文献 …………………………………………………181
あとがき …………………………………………………185
索　引 ……………………………………………………189

本文のカシの木／若山真由子

序章　カシミールの軌跡

　ヘンドリック・カシミール(Hendrik Brugt Gerhard Casimir)は1909年7月15日にオランダのハーグに生れ，2000年5月4日になくなった．20世紀の初頭から最後の年まで生きたことになる．その軌跡をふりかえってみると，20世紀の光と影が浮びあがってくる．光とは科学及び技術の進歩であり，影とは戦争——とくに第2次世界大戦——である．

　カシミールは物理学者として有名である．それはヨーロッパ物理学会長やオランダ学士院長を歴任したことからも明らかである．しかし，カシミールの軌跡は大学で学究生活を全うするという20世紀の典型的な物理学者とは——とくに後半生は——一風異なるものとなった．その足跡を『カシミール自伝』("Haphazard Reality, Half a Century of Science", 1983年[3])をたよりにたどってみよう．

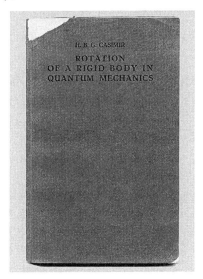

カシミールの学位論文の表紙(ライデン大学図書館蔵)

カシミールは小さい頃から利発な子であった．父親は高校の教師をしていたが，校長を務めたあと，ライデン大学の教育学の教授になった．カシミールは，父が校長をしていた高校を経て，ライデン大学の物理学科に入学した．ハーグからの通学時間も惜しむように，数学と物理学に没頭する日々を送ったのである．

カシミールがライデン大学に入学した 1926 年はちょうど量子力学という 20 世紀の革命が起こっていたときであった．カシミールもそこに飛び込み，指導教官のエーレンフェストに導かれて，最前線の日進月歩を肌で感ずることができた．パウリやボーアなどの有名な物理学者に親しく接することができたのもその頃である．ところで，エーレンフェストはカシミールの父と親交がありカシミールを小さい頃から見ていた．ヘンドリック少年が家で積み木を熱心に組み立てていたのがよほど印象深かったとみえて，エーレンフェストはカシミールが大学に入ってきたとき「君は建築家が向いている！」といったのだという．

さて，量子力学の歴史を眺めると，1926 年には量子力学の基本定式化がハイゼンベルグによる行列力学とシュレディンガーによる波動力学によって成し遂げられ，それら 2 つの定式化の同値性も判明していたことがわかる．日々更新する当時の量子力学の分野では 1 年 2 年の差は大きく，カシミールは，その意味で，やや遅れてきた新人であった．

彼が博士論文に選んだのはシュレディンガー方程式の群作用による不変性というテーマであった．シュレディンガー方程式は

$$\left(\frac{\partial^2}{\partial x^2}+\frac{\partial^2}{\partial y^2}+\frac{\partial^2}{\partial z^2}\right)w-Vw=0$$

という形をしていて，空間の回転群 $SO(3)$ で不変なことはよく知られていた．そのために理論が整然としているのであった．この群をもっと一般の群にしたときに，同様な性質をもつ微分作用素(微分方程式)を求めることをカシミールは考えたのである．その研究は**カシミール元**(カシミール作用素)と呼ばれる美しい成果に結実した．これが，本書の主題となるものである．

カシミールの博士論文が通ったのは 1931 年 11 月 3 日であり，22 歳になっ

たところだった．カシミール元の研究は，動機そのものは物理学から出てはいたものの，その内容はというと，まったくの数学であった．半単純リー環の展開環の 2 次の中心元を作るというカシミールの理論は，現場の物理学者から見ると抽象的すぎると思えたようである．実は，その真の重要性は物理ではなく数学において徐々に現れてきて，結局 20 世紀全体をおおうようになることはあとで見るとおりである．

　カシミールは 1931 年にライデン大学の助手になったあと，ベルリン，チューリッヒ，コペンハーゲンなどに研究に出かけたりしながら，理論物理学に打ち込んでいたのであるが，1933 年 9 月 25 日のエーレンフェストの自殺をきっかけにライデンに戻った．しばらくライデン大学で過ごしたあと，1936 年にはカーマリン・オネス低温物理学研究所に移籍した．そこでは 1942 年までの 6 年間を低温物理学における"実験物理学者"として勤めることになる．1939 年には教授になっている．低温物理学や実験物理学に興味をもつようになったのは，その分野で研究していた奥さんを手伝うこととも連動していたようである．

　カシミールは元来，事務能力にすぐれてはいなかったようである．実験は，優秀な技官が実験装置を組み立ててくれたので何とかやって行けたという．ただし，書類を書くときには，生まれつき字が下手なこともあいまって，苦労したようだ．あるときなどは，日付を書き入れるときに「今日は何年何月何日？」と聞いていたら，署名する段になって「あなたの名前は**カシミール**」と言われる程だ．

　カシミールの転機は，第 2 次世界大戦が勃発し，1940 年 5 月 10 日にドイツ軍がオランダを占領することからひき起こされた．ライデン大学は閉鎖されたもののカーマリン・オネス低温物理学研究所は活動を続けていた．しかし，ついに 1942 年，カシミールはオランダ南部の町アイントホーフェンにあるフィリップス社の研究所に移ることを決心した．そして，それ以後ずっとフィリップス研究所ですごし，一度もアカデミックな場所には戻らなかったのである．理由はさまざまあったようだが，もっとも大きなことは「自由」な環境を求めたためだったという．

何はともあれ，戦争のために民間企業に移ったカシミールではあったが，そこでの仕事における研究所副所長や取締役という要職をこなす——事務能力に対する劣等感を克服して——とともに，カラーテレビなど日常生活に役立つ製品を開発(電子顕微鏡やサイクロトロンもある)し，しかも，理論物理学の最先端も 1972 年の退職まで切り開きつづけたのである．この最後の点が顕著に現れたのが 1948 年の量子力学における「カシミール効果」の提出である．

カシミールは平行金属板間に

$$"1^3 + 2^3 + 3^3 + 4^3 + 5^3 + \cdots " = \frac{1}{120}$$

に起因する引きつけあう力が働くと予言し，1950 年代にはフィリップス研究所で実験も行っている．その当時，フィリップス研究所はアカデミックな研究機関を大きく引き離していたのである．このような，企業にとって何の益も及ぼさない——真空エネルギーとも呼ばれるカシミール効果が"実用化"されるのは 21 世紀のいつ頃になるのだろう——と思われていたものの研究を推進できたのはカシミールの手腕であろう．カシミール効果は微弱であり実験設定が難しいこともあって実験確認は難行した．ついに確定的な実験が行われたのは，シアトルのワシントン大学であった．それは 1996 年夏のことであり，カシミールの予言からほぼ半世紀が経っていた．そこでラモローによって行われた実験は 5% 以内の実験誤差でカシミール効果を確かめた．その後の実験によって誤差は 1% 以内にまでなっている．なお，ちょうどその 1996 年夏のワシントン大学物理学研究棟において『リーマン予想シンポジウム』が開催され，著者も本書の内容に関連する講演 "Zeta categories" を行う機会に恵まれた．偶然の一致であるが，あの美しい夏の日々がなつかしい．

このカシミール効果は，

$$\zeta(s) = 1^{-s} + 2^{-s} + 3^{-s} + 4^{-s} + 5^{-s} + \cdots$$

というリーマンの**ゼータ関数**を用いると

$$\zeta(-3) = 1^3 + 2^3 + 4^3 + 5^3 + \cdots = \frac{1}{120}$$

という不思議な等式に対応している．これは，そのままでは，もちろん無限大に発散してしまうのだが，数学においては「解析接続」という方法を用いることにより $\zeta(-3)$ がちゃんと $\frac{1}{120}$ と求まるのである（詳しい計算は第 2 章を見られたい）．物理学においては，同じことを「無限大の繰り込み」つまり

$$"(1^3+2^3+3^3+\cdots)-\infty" = \frac{1}{120}$$

として解釈することになる．これは，ゼータに対してオイラー–マクローリンの和公式を用いると

$$\zeta(-3) = \lim_{N\to\infty}\left\{\sum_{n=1}^{N} n^3 - \left(\frac{N^4}{4}+\frac{N^3}{2}+\frac{N^2}{4}\right)+\frac{1}{120}\right\} = \frac{1}{120}$$

という繰り込みの形の解釈ができることに類似している．ここにはゼータがこの自然界においても活躍している様子を感じ取ることができよう．この点をはじめて明確にしたカシミールの発見は数学および物理学において大きな意味をもっている．その実験確認を晩年になって知り得たカシミールは幸せな人であったと言えよう．カシミールは自伝で，カシミール効果の論文はなかなか理解されなかったがパウリにほめられた，と喜びをおさえつつ控えめながら述べている．きっと一番自信をもっていた成果なのであろう．なお，ゼータ関数は本書のいたる所に顔を出してくる．注意して見ていてほしい．

なお本書を準備中，幸いなことに，カシミールの 2 つの論文を直接結びつけることになる

$$"カシミール効果のエネルギー = \frac{1}{2}\sqrt{カシミール元の跡}"$$

という明確な認識も得られ，さらにそれによってリーマン面でのカシミール効果を基本群と呼ばれる群のゼータであるセルバーグゼータ関数で表すことができたことは記しておきたい．

カシミールは科学と技術の未来についても考察している．彼の体験を通して，理論から応用までの時間差がどんどん広がっていくのではないかという推測にはじまり，科学の研究内容を判断するのに不確定な将来の応用などを

考えるのは不相応であること，科学者・技術者は各国の市民としてではなく世界市民として行動すべきであること等々どれも示唆深い.『カシミール自伝』を読まれることをすすめたい.

1

ガロア場

ガロアがガロア体(Galois field)を考えてから170年が経つ．素数 p に対して
$$\mathbb{F}_p = \{0, 1, \ldots, p-1\}$$
が基本的なガロア体である．これは p 元からなる数体系であり，加減乗除の四則演算ができる．ガロア体は有限体とも呼ばれる．この章では，ガロア体 $\mathbb{F}_p$ の場合に，本書のテーマであるカシミール元とゼータ関数の周辺を解明することを目標にする．素材は単純であるが，20世紀の数学では完全にはここまでしかできなかったとも言えよう．第1章は図形としては円の話である．

1.1 ガロア体

素数 p に対するガロア体 $\mathbb{F}_p = \{0, 1, \ldots, p-1\}$ の四則演算 $\times, \div, +, -$ は整数の計算をもとにして行う．まず，$\times, +, -$ の演算は普通の整数として計算した後で p で割った余りを答えにする．たとえば，$p \geq 5$ なら

$$2 \times (p-1) = p-2, \quad (p-1) \times (p-1) = 1,$$
$$2 + (p-1) = 1, \quad (p-1) + (p-1) = p-2,$$
$$2 - (p-1) = 3, \quad (p-1) - (p-1) = 0.$$

次に，割り算 $\div$ は掛け算の逆として答えを出す．たとえば，前の計算から

$$1 \div (p-1) = p-1,$$
$$2 \div (p-2) = p-1,$$
$$(p-2) \div 2 = p-1$$

のようになる(偶然，どれも $p-1$ になってしまった)．$p = 7$ のときに $\mathbb{F}_7$ において

$$3 \div 5 = 2$$

を確かめてほしい．$2 \times 5 = 3$ を見ればよい．

このガロア体は，コンピューター数学でとくに $\mathbb{F}_2 = \{0, 1\}$ が活躍していて(電気信号で ON を 1，OFF を 0 に対応させる)現代のデジタル IT 生活になくてはならないものになっている．いうまでもなく著者たちがこの原稿を書いて送っているのも昔式に "書いて手紙している" わけでは決してなく，デジタルに "打ってメールしている" のである．最近の暗号理論では一般のガロア体上の楕円曲線まで用いていて，それとは知らずに使うようになっていることをご存じの読者も多いことであろう．

1.2 ゼータとガロア場の風景

(a) ゼータ関数とは

ゼータとは素数をまとめあげたものであり，1737 年にオイラーによって最初に発見された．それは

$$\zeta(s) = \frac{1}{1-\frac{1}{2^s}} \times \frac{1}{1-\frac{1}{3^s}} \times \frac{1}{1-\frac{1}{5^s}} \times \frac{1}{1-\frac{1}{7^s}} \times \cdots$$

$$= \prod_p \frac{1}{1-\frac{1}{p^s}}$$

という素数 p 全体にわたる積になっている．この積を**オイラー積**と呼ぶ．このゼータに関しては，さまざまなゼータを含めて，次章以降で詳しく調べるが，ここでは

$$\zeta(s) = \frac{1}{1^s} + \frac{1}{2^s} + \frac{1}{3^s} + \frac{1}{4^s} + \frac{1}{5^s} + \frac{1}{6^s} + \frac{1}{7^s} + \cdots$$

$$= \sum_{n=1}^{\infty} \frac{1}{n^s}$$

と，自然数 n 全体にわたる和になることを注意しておきたい．実際このような，自然数全体と素数全体の間に成り立つ等式を証明するには，等比級数の和の公式

$$\frac{1}{1-x} = 1 + x + x^2 + x^3 + \cdots \quad (|x| < 1)$$

を思い出せばよい．この式に，素数に対応して

$$x = \frac{1}{2^s}, \frac{1}{3^s}, \frac{1}{5^s}, \frac{1}{7^s}, \frac{1}{11^s}, \cdots$$

などを代入したものを掛け合わせれば，すべての自然数が素数の積で表されることから，

$$\zeta(s) = \frac{1}{1-\frac{1}{2^s}} \times \frac{1}{1-\frac{1}{3^s}} \times \frac{1}{1-\frac{1}{5^s}} \times \frac{1}{1-\frac{1}{7^s}} \times \frac{1}{1-\frac{1}{11^s}} \times \cdots$$

$$= \left(1+\frac{1}{2^s}+\frac{1}{2^{2s}}+\cdots\right) \times \left(1+\frac{1}{3^s}+\frac{1}{3^{2s}}+\cdots\right)$$

$$\times \left(1+\frac{1}{5^s}+\frac{1}{5^{2s}}+\cdots\right) \times \left(1+\frac{1}{7^s}+\frac{1}{7^{2s}}+\cdots\right)$$

$$\times \left(1+\frac{1}{11^s}+\frac{1}{11^{2s}}+\cdots\right) \times \cdots$$

$$= 1+\frac{1}{2^s}+\frac{1}{3^s}+\frac{1}{4^s}+\frac{1}{5^s}+\frac{1}{6^s}+\frac{1}{7^s}+\frac{1}{8^s}+\frac{1}{9^s}+\frac{1}{10^s}+\frac{1}{11^s}+\cdots$$

$$= \sum_{n=1}^{\infty} \frac{1}{n^s}$$

となる．つまりこの関係式は，自然数の素因数分解の一意性を過不足なく表現した式であると考えることができる．

　$\zeta(s)$ は素数分布の研究にはなくてはならないものであり，その零点(値が 0 になる複素数 s のこと)に関する**リーマン予想**は数学最大の難問としてそびえている．なお，ゼータ $\zeta(s)$ のことを s の関数であることを強調してゼータ関数と呼ぶことも多いが，関数だけではないということも込めてゼータという愛称が使われている．親しくなればなるほど，ゼータと呼びたくなってくる．さらに，楕円曲線のゼータが関数等式という美しい性質をもつことから1637年に提出されたフェルマー予想が 1994 年に 357 年ぶりにプリンストンのワイルズ(A. Wiles)によって証明されたことは 20 世紀を飾る出来事であった．

　さて，$\zeta(s)$ は整数環

$$\mathbb{Z} = \{0, \pm 1, \pm 2, \pm 3, \dots\}$$

のゼータ関数 $\zeta(s, \mathbb{Z})$ である．ここで，環というのは，三則 $\times, +, -$ のできる数体系のことを指す．オイラー積は $\zeta(s, \mathbb{Z})$ が

$$\zeta(s, \mathbb{Z}) = \prod_p \zeta(s, \mathbb{F}_p)$$

というガロア体 $\mathbb{F}_p$ のゼータ

$$\zeta(s, \mathbb{F}_p) = \cfrac{1}{1 - \cfrac{1}{p^s}}$$

の積に分解することを示している．したがって，$\zeta(s,\mathbb{Z})$ に対しては $\mathbb{Z}$ の素数全体の空間 $\mathbb{P} = \{2,3,5,7,\cdots\}$ の各点 p に $\mathbb{F}_p$ がついている様子を思い浮かべればわかりよい：

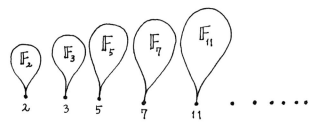

図 1.1　ガロア場の風景 I

図 1.1 は各点にガロア体がついている**ガロア場**の風景である．"場"とは物理学用語で，各点における値の属するところも変化するような一般化された関数やその全体の総称である．もちろん，$\zeta(s,\mathbb{F}_p)$ の場合には 1 点に $\mathbb{F}_p$ がついている絵が対応する（図 1.2）：

図 1.2　ガロア場の風景 II

なお，$\mathbb{F}_p$ の元としては $p = 0$ だけが "素数" と考えられるのである．

したがってガロア場の方程式を求めるのが重要な問題となる．第 7 章を参照してほしい．

ゼータの表示について一言，注意をしておこう．ゼータにはさまざまな種類があり，それらを的確に区別する必要がある．前に現れた環のゼータは，一

般の環 A に対しては

$$\zeta(s,A) = \prod_{\mathfrak{m} \subset A}(1-N(\mathfrak{m})^{-s})^{-1}$$

という A の極大イデアル $\mathfrak{m}$ の全体にわたる積で定義される．ここで，$N(\mathfrak{m}) = \#A/\mathfrak{m}$ である．ただし，$\#X$ は集合 X の元の個数を表す．このような環のゼータを1940年頃に研究した数学者ハッセ(Hasse)にちなんで，**ハッセゼータ**と呼び，環のゼータであることを明確にするときには $\zeta^{\text{Hasse}}(s,A)$ と書く．たとえば，単に $\zeta(s,\mathbb{Z})$ と書いたときには，$\mathbb{Z}$ を群と思うと別のゼータ(セルバーグゼータ)になってしまい混乱が生じてしまう．見た目だけでなく，記号が何を意味しているのか，たとえば $\mathbb{Z}$ なら，環なのか，加法群なのか，乗法モノイドなのか，単なる集合なのか，...ということが大切なのである．

(b) 円のゼータ

円は単純な図形であるが，数学の基本であり，ゼータの話でも大切なものである．カシミール元の例としてもそうである．

ここでは，半径 r の円を $S^1(r)$ と書くことにする．複素数平面の中では図1.3のようになっている：

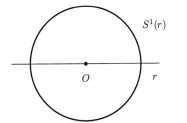

図 **1.3**

周の長さが ℓ の円は $S^1\left(\dfrac{\ell}{2\pi}\right)$ である．そのゼータを

$$\zeta^{\text{Selberg}}\left(s,S^1\left(\dfrac{\ell}{2\pi}\right)\right) = (1-e^{-\ell s})^{-1}$$

と定義する．これは，ノルウェーの数学者セルバーグ(Selberg)が1950年頃

に考え出した**セルバーグゼータ**といわれるものの最も簡単な場合である．一般的なセルバーグゼータについては第5章で扱うことにするが，セルバーグゼータとはある種の空間のゼータを指している．空間 M のセルバーグゼータ $\zeta^{\text{Selberg}}(s, M)$ は M 内の適当な（測地線と呼ばれる）閉曲線——つまり円の像——全体にわたる積になっている：

$$\zeta^{\text{Selberg}}(s, M) = \prod_{C \subset M} (1 - N(C)^{-s})^{-1}.$$

ここで C は M 内の閉測地線を動き，$N(C) = \exp \ell(C)$ で $\ell(C)$ は C の長さを表す．

さて，同型

$$\mathbb{Z} \cdot \ell \backslash \mathbb{R} \ni x \xmapsto{\sim} \frac{\ell}{2\pi} \exp\left(\frac{2\pi i x}{\ell}\right) \in S^1\left(\frac{\ell}{2\pi}\right)$$

によって $S^1\left(\frac{\ell}{2\pi}\right)$ を $\mathbb{Z} \cdot \ell \backslash \mathbb{R}$ と同一視し，以後は $\mathbb{Z} \cdot \ell \backslash \mathbb{R}$ で考えることにする（図1.4）．

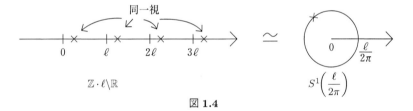

図 **1.4**

各整数 $m \in \mathbb{Z}$ に対して

$$e_m(x) = \exp\left(\frac{2\pi i m x}{\ell}\right)$$

とおくと，e_m は $\mathbb{Z} \cdot \ell \backslash \mathbb{R}$ 上の関数であり，微分作用素 $\mathcal{D} = \dfrac{d}{dx}$ の固有関数である．

$$\mathcal{D} e_m = \frac{2\pi i m}{\ell} e_m.$$

また，フーリエ級数論より $\mathbb{Z} \cdot \ell \backslash \mathbb{R}$ 上の微分可能な関数で $\mathcal{D}$ の固有関数となるものは e_m ($m = 0, \pm 1, \pm 2, \ldots$) の定数倍しかない．したがって，$\mathcal{D}$ の固有

値はすべて重複度 1 で

$$\mathrm{Spect}\,(\mathcal{D}) = \left\{ \frac{2\pi i m}{\ell} \,\bigg|\, m = 0, \pm 1, \pm 2, \ldots \right\}$$

となる．この計算は

$$\Delta = -\mathcal{D}^2 = -\frac{\partial^2}{\partial x^2}$$

に対してもまったく同様であり

$$\Delta e_m = \frac{4\pi^2 m^2}{\ell^2} e_m$$

から

$$\mathrm{Spect}\,(\Delta) = \left\{ \frac{4\pi^2 m^2}{\ell^2} \,\bigg|\, m = 0, \pm 1, \pm 2, \ldots \right\}$$

となる．形から正の固有値の重複度は 2 である．この Δ は最も基本的なカシミール元でありラプラス作用素（ラプラシアン）とも呼ばれる．$\mathcal{D}$ は "平方根" $\sqrt{-\Delta}$ と考えられる．

円のゼータ $\zeta^{\mathrm{Selberg}}\left(s, S^1\left(\frac{\ell}{2\pi}\right)\right)$ の顕著な性質は $\mathcal{D}$ を用いて次のように行列式表示できることである．

定理 1.1

$$\zeta^{\mathrm{Selberg}}\left(s, S^1\left(\frac{\ell}{2\pi}\right)\right) = \det\,(\mathcal{D} - s)^{-1}. \qquad \square$$

この定理をできるだけ一般のゼータに拡張していくことがゼータ関数論において現今最大の問題といえる．本書もこの問題を解明することを目指している．すなわち，カシミール元を使ってゼータ関数をできるかぎり行列式表示することが目標である．

なお，定理の右辺の行列式は無限次の行列式であり，正確な定義はゼータ正規化によって第 6 章で行う．定理 1.1 の証明もそこを見ていただきたい．関連して，本書で常に重要な役割を果たすことになるガンマ関数

$$\Gamma(x) = \int_0^\infty t^{x-1} e^{-t} dt \quad (x > 0)$$

も，実は無限次行列式として表されることが示される(定理6.3のレルヒの公式)．部分積分をしてみるとわかるように，$\Gamma(x)$ は $\Gamma(x+1) = x\Gamma(x)$ を満たし，とくに n が自然数のとき $\Gamma(n+1) = n!$ となる数学中もっとも基本的な"特殊関数"である．

(c) 基本群のゼータ

空間には基本群という大事な群がついている．基本群は，その空間内にどれほど複雑な道(閉曲線)があるかを表している．たとえば，円の基本群は無限巡回群 $\mathbb{Z}$ である．これは円 $S^1\left(\dfrac{\ell}{2\pi}\right)$ の表示

$$S^1\left(\dfrac{\ell}{2\pi}\right) = \mathbb{Z}\cdot\ell\backslash\mathbb{R}$$

からわかりやすい．$\mathbb{R}$ は $S^1\left(\dfrac{\ell}{2\pi}\right)$ の普遍被覆空間と呼ばれるものになっていて基本群 $\pi_1 = \pi_1\left(S^1\left(\dfrac{\ell}{2\pi}\right)\right)$ は $\mathbb{Z}\cdot\ell$ となる(図1.5)．

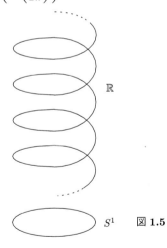

図 1.5

いま，空間 M が与えられたとしよう．M のセルバーグゼータ $\zeta^{\mathrm{Selberg}}(s, M)$ は M の適当な閉曲線全体にわたる積であったが，閉曲線とそのホモトピー類が基本群 $\Gamma = \pi_1(M)$ において決める共役類との対応という関係を使うと，

$\zeta^{\mathrm{Selberg}}(s,M)$ は Γ の(素な)共役類にわたる積にもなる．この意味で，セルバーグゼータ $\zeta^{\mathrm{Selberg}}(s,M)$ は基本群 Γ のゼータ $\zeta^{\mathrm{Selberg}}(s,\Gamma)$ と考えることができる．たとえば，

$$\zeta^{\mathrm{Selberg}}\left(s,S^1\left(\frac{\ell}{2\pi}\right)\right)=\zeta^{\mathrm{Selberg}}(s,\mathbb{Z}\cdot\ell)=(1-e^{-\ell s})^{-1}$$

である．この見方は便利なだけでなく，群のみから出発してセルバーグゼータを考えたほうがわかりやすい場合も多い．

(d) 重要な未解決問題

これまでに見てきたゼータを見比べてみると

$$\zeta^{\mathrm{Hasse}}(s,\mathbb{F}_p)=\zeta^{\mathrm{Selberg}}(s,\mathbb{Z}\cdot\log p)=(1-p^{-s})^{-1}=\det(\mathcal{D}-s)^{-1}$$

が成立していることがわかる．ここで，$\mathbb{Z}\cdot\log p$ は $\mathbb{F}_p$ の基本群と考えることができる：

$$\pi_1(\mathbb{F}_p)=\mathbb{Z}\cdot\log p\subset\mathbb{R}.$$

つまり

$$\zeta^{\mathrm{Hasse}}(s,\mathbb{F}_p)=\zeta^{\mathrm{Selberg}}(s,\pi_1(\mathbb{F}_p))=\det(\mathcal{D}-s)^{-1}$$

が成り立っているのである．ゼータ関数論の重要な未解決問題は，この関係式をもっと一般に証明することである．それを次の3つの問題に定式化しておこう．

問題1 環 A に対して
$$\zeta^{\mathrm{Hasse}}(s,A)=\det(\mathcal{D}_A-s)^{-1}\quad ?$$

問題2 環 A に対して
$$\zeta^{\mathrm{Hasse}}(s,A)=\zeta^{\mathrm{Selberg}}(s,\pi_1(A))\quad ?$$

問題3 群 Γ に対して
$$\zeta^{\mathrm{Selberg}}(s,\Gamma)=\det(\mathcal{D}_\Gamma-s)^{-1}\quad ?$$

問題 1, 2, 3 は $A=\mathbb{F}_p,\ \Gamma=\pi_1(A)=\mathbb{Z}\cdot\log p$ の場合に解けていることはすでに述べたとおりである．

なお，問題1の $\mathcal{D}_A$，問題3の $\mathcal{D}_\Gamma$ はともに"カシミール元"(の平方根)となるべきものと思われ本書の目的とするところである．また，問題2の $\pi_1(A)$

は A の "基本群" と呼ばれるべきものであるが，残念ながら，その正確な定義は知られていない．問題 2 は $\pi_1(A)$ の構成も込めた問題と考えて欲しい．この点は問題 1, 3 の $\mathcal{D}_A, \mathcal{D}_\Gamma$ も同様である．問題 1〜3 には相互に関連もある．たとえば問題 2, 3 が解決すれば問題 1 も形式的にはわかる．

問題 1, 2, 3 はそれらが解決すると数学に大きな影響を与えることが知られている．たとえば，問題 1 が完全に解けるとリーマン予想やラングランズ予想といった数学で最大の難問が解決することになる．その影響はフェルマー予想が 357 年ぶりに 1994 年 9 月 19 日に解決したという画期的な出来事でさえ，ある特殊な族の A に対してラングランズ予想を証明したことから従っていた，ということを思い出してもらえば明白であろう．

注意 1.1($\pi_1(A)$ に関する注意)　ガロアが方程式の可解性を解明するために導入したガロア理論の基本的な事実に，$\overline{\mathbb{F}_p}$ を $\mathbb{F}_p$ の代数的閉包としたとき，ガロア群 $\mathrm{Gal}(\overline{\mathbb{F}_p}/\mathbb{F}_p)$ が

$$\mathrm{Gal}(\overline{\mathbb{F}_p}/\mathbb{F}_p) \cong \hat{\mathbb{Z}} = \prod_p \mathbb{Z}_p$$

となることがある．ここで，$\hat{\mathbb{Z}}$ は加法群としての $\mathbb{Z}$ の完備化であり，$\mathbb{Z}_p$ は p 進完備化を意味している．そこで，今は，ここに出てきた $\hat{\mathbb{Z}}$ の中の $\mathbb{Z}$ を $\mathbb{F}_p$ の "基本群" と考えるのが妥当と考えられているのである．その $\mathbb{Z}$ の生成元がフロベニウス作用素(p 乗作用素)と呼ばれる特別に重要な元である(6.3 節を参照)．一般の環 A に対しては，$\pi_1(A)$ をどうしたらよいのであろうか？

この本を読み進まれる際には，問題 1〜3 を念頭において読んで欲しい．とくに若い人には，これらの問題を解決する吉報をもたらしてくれることを願いたい．

2

カシミール効果とゼータ関数

リーマンのゼータ関数 $\zeta(s)$ は，$\mathrm{Re}(s) > 1$ で絶対収束する素数についての無限積

$$\zeta(s) = \prod_{p:素数} \frac{1}{1-p^{-s}}$$

で定義されている．第 1 章でみたように，$\zeta(s)$ は，自然数の素因数分解の一意性をふまえると

$$\zeta(s) = 1 + \frac{1}{2^s} + \frac{1}{3^s} + \frac{1}{4^s} + \frac{1}{5^s} + \frac{1}{6^s} + \frac{1}{7^s} + \cdots$$

とも書けるのであった．さてこの $\zeta(s)$ の特殊値が，なんと以下に述べるような真空のゆらぎの大きさを記述しているのである．どうやら素数はそこまでも知っていたらしい．

この章で扱うカシミール効果とは，金属平行板が

$$"1^3 + 2^3 + 3^3 + 4^3 + 5^3 + \cdots " = \frac{1}{120}$$

を比例定数とする力で引き合うというもので，カシミールによって予言されたのが始まりである．この事実は，本質的に

$$カシミール力 = \zeta(-3) \times (平行板の距離)^{-(3+1)}$$

ということを物語っている．本章では，このような発散級数がどのような仕組みで繰り込まれるかを解明する．

2.1 カシミール効果と発散級数

1948年にカシミールはカシミール効果を予言した．それはカシミール力とも呼ばれ，その大きさは単位を無視すれば物理的には

$$\sum_{n=1}^{\infty} \omega_n = \sum_{n=1}^{\infty} n^3$$

と書けるものである．これは普通の意味では無限大になってしまう発散級数であり，カシミールはその真の意味を探るために量子力学ではよく使われる"無限大の繰り込み"を用いて，有限の値 $\dfrac{1}{120}$ を出している．これは数学的にはゼータ関数

$$\zeta(s) = \sum_{n=1}^{\infty} n^{-s}$$

の $s = -3$ における値

$$\zeta(-3) = \sum_{n=1}^{\infty} n^3$$

であり，ゼータ関数論によれば $\dfrac{1}{120}$ とわかっていたものであった．実際，この値はすでに1749年頃にオイラーが求めていた．カシミールの予言から遡り，ちょうど200年前のことである．オイラーの方法は発散級数をうまく処理した最初期の結果である．歴史的興味もあり振り返っておきたい（もっと正確な方法については，本章の後の節を見てほしい）．

まず，符号をつけた和

$$\tilde{\zeta}(s) = \sum_{n=1}^{\infty} (-1)^{n-1} n^{-s} = 1 - \frac{1}{2^s} + \frac{1}{3^s} - \frac{1}{4^s} + \cdots$$

を考えることにする．これは，もとのゼータとは

$$\tilde{\zeta}(s) = \left(1 + \frac{1}{2^s} + \frac{1}{3^s} + \frac{1}{4^s} + \cdots\right) - 2\left(\frac{1}{2^s} + \frac{1}{4^s} + \frac{1}{6^s} + \cdots\right)$$

$$= \left(1 + \frac{1}{2^s} + \frac{1}{3^s} + \frac{1}{4^s} + \cdots\right) - \frac{2}{2^s}\left(\frac{1}{1^s} + \frac{1}{2^s} + \frac{1}{3^s} + \cdots\right)$$

$$= (1-2^{1-s})\zeta(s)$$
という簡単な関係にある．そこで
$$\tilde{\zeta}(0) = 1 - 1 + 1 - 1 + \cdots = -\zeta(0),$$
$$\tilde{\zeta}(-1) = 1 - 2 + 3 - 4 + \cdots = -3\zeta(-1),$$
$$\tilde{\zeta}(-2) = 1^2 - 2^2 + 3^2 - 4^2 + \cdots = -7\zeta(-2),$$
$$\tilde{\zeta}(-3) = 1^3 - 2^3 + 3^3 - 4^3 + \cdots = -15\zeta(-3),$$
$$\cdots\cdots$$
などの $\tilde{\zeta}(s)$ の値を求めれば，$\zeta(s)$ の値も求まるというのがオイラーの考えの起点であり，ついでベキ級数を対応させた．
$$1 - x + x^2 - x^3 + \cdots = \frac{1}{1+x},$$
$$1 - 2x + 3x^2 - 4x^3 + \cdots = \frac{1}{(1+x)^2},$$
$$1^2 - 2^2 x + 3^2 x^2 - 4^2 x^3 + \cdots = \frac{1-x}{(1+x)^3},$$
$$1^3 - 2^3 x + 3^3 x^2 - 4^3 x^3 + \cdots = \frac{1 - 4x + x^2}{(1+x)^4},$$
$$\cdots\cdots$$
これらで $x=1$ とおいたものは，たしかに，$\tilde{\zeta}(0), \tilde{\zeta}(-1), \ldots$ に見える．したがって
$$\tilde{\zeta}(0) = \frac{1}{2}, \quad \tilde{\zeta}(-1) = \frac{1}{4}, \quad \tilde{\zeta}(-2) = 0, \quad \tilde{\zeta}(-3) = -\frac{1}{8}, \quad \ldots$$
となり，結論として
$$\zeta(0) = -\frac{1}{2}, \quad \zeta(-1) = -\frac{1}{12}, \quad \zeta(-2) = 0, \quad \zeta(-3) = \frac{1}{120}, \quad \ldots$$
という値を得ることができた．これが，オイラーがまず考えたことであった．

このような発見的な方法をちゃんと数学に着地させることはそう簡単なことではない．一般にはまったく別に見えるやり方をする必要がある．

いまの場合の標準的な方法は，積分表示(後述の 2.4 節の (♮) を参照)によって $\zeta(s)$ を解析接続しておいて

$$\zeta(1-n) = (-1)^{n-1}\frac{B_n}{n} \qquad (n=1,2,\ldots)$$

を示すのである．ここで，B_n はベルヌーイ数と呼ばれる有理数であり，

$$\frac{x}{e^x-1} = \sum_{n=0}^{\infty} \frac{B_n}{n!} x^n$$

として定義される．$B_0 = 1, B_1 = -\frac{1}{2}, B_2 = \frac{1}{6}, B_3 = 0, B_4 = -\frac{1}{30}, \ldots$．
積分表示については 2.4 節を参照されたいが，$\zeta(s)$ と $\zeta(1-s)$ を結ぶ関数等式(後述の命題 2.4)によって，

$$\zeta(-1) = -\frac{1}{12}, \quad \zeta(-3) = \frac{1}{120}, \quad \cdots$$

は

$$\zeta(2) = \frac{\pi^2}{6}, \quad \zeta(4) = \frac{\pi^4}{90}, \quad \cdots$$

に対応している．

もう 1 つの方法は，オイラー自身の名前にちなむオイラー–マクローリンの和公式を使う方法である．この方法について詳しくは『数学研究法』[31]や『ゼータの世界』[49]を手に取って見られたい．

オイラー–マクローリンの和公式によれば，$m \geq 1$ に対して

(★) $\quad \displaystyle\zeta(s) = \lim_{N \to \infty} \left\{ \sum_{n=1}^{N} n^{-s} - \frac{N^{1-s}}{1-s} - \frac{1}{2} N^{-s} \right.$

$$\left. + \sum_{k=1}^{m} (-1)^{k-1} s(s+1)\cdots(s+2k-2) \frac{B_{2k}}{(2k)!} N^{-s-2k+1} \right\}$$

が $\mathrm{Re}(s) > -1-2m$ において成立する．とくに，

$$\zeta(1-2m) = -\frac{B_{2m}}{2m}$$

となる．いま，(★) において $m = 1$ としてみよう．すると，$\mathrm{Re}(s) > -3$ のとき

$$\zeta(s) = \lim_{N \to \infty} \left\{ \sum_{n=1}^{N} n^{-s} - \frac{N^{1-s}}{1-s} - \frac{1}{2} N^{-s} + \frac{1}{12} s N^{-s-1} \right\}$$

となる．たとえば，

$$\zeta(0) = \lim_{N \to \infty} \left\{ \sum_{n=1}^{N} 1 - N - \frac{1}{2} \right\}$$

$$= \lim_{N \to \infty} \left\{ N - N - \frac{1}{2} \right\} = -\frac{1}{2},$$

$$\zeta(-1) = \lim_{N \to \infty} \left\{ \sum_{n=1}^{N} n - \frac{N^2}{2} - \frac{1}{2}N^1 - \frac{1}{12} \right\}$$

$$= \lim_{N \to \infty} \left\{ \frac{N(N+1)}{2} - \frac{N^2}{2} - \frac{1}{2}N^1 - \frac{1}{12} \right\} = -\frac{1}{12},$$

$$\zeta(-2) = \lim_{N \to \infty} \left\{ \sum_{n=1}^{N} n^2 - \frac{N^3}{3} - \frac{1}{2}N^2 - \frac{1}{6}N^1 \right\}$$

$$= \lim_{N \to \infty} \left\{ \frac{N(N+1)(2N+1)}{6} - \frac{N^3}{3} - \frac{1}{2}N^2 - \frac{1}{6}N^1 \right\} = 0$$

がわかる．

以上では，$\zeta(s)$ の級数表示を利用して話をすすめてきたが，そもそも $\zeta(s)$ は，

$$\zeta(s) = \prod_{p:素数} (1 - p^{-s})^{-1}$$

と書けているのだった．つまり，いま見てきたことによると，素数はかなりのことを知っているにちがいない．おそらくこれは，素数が集まるとすべての秘密が解明されることを示唆しているのだろう．

2.2　カシミール効果

　量子場における零点振動は平行な金属板の間に観測される力を引き起こす．それを理論的に計算し予言したのがカシミールである．それは，はじめに述べたように 1948 年の出来事であった．これは現在カシミール効果とよばれ，量子場の巨視的な現象の現れと考えられているものである．発見後すぐさま，その力を実際に観測しようという試みがなされたが，2 枚の金属板を平行な位置に設置することは非常に難しかった．そのために，せっかく得られた観

測結果も実験誤差と同程度になってしまい，実験結果の信頼性という観点からはとても満足ゆくものではなかった．

それから待つこと50年，ようやく1997年になって，すぐれた実験家ラモロー(S. K. Lamoreaux)によりカシミール効果の有効な定量的確認が報告された[33]．成功の鍵となったのは片方の金属板を平坦なものから球面片に変更した点である．つまり，狭い範囲であるがかなり満足できる"平行状態"の実現に成功したのである．

さて，場とは時空の各点に力学的な自由度が附随したものである．したがって光子が存在しない真空は量子的な自由度としての電磁場の基底状態であることになる．電磁場は次節で簡単に説明するように無数の調和振動子の集まりであるから，基底状態の波動関数はそれぞれの調和振動子の基底状態の波動関数の無限個の積と考えられる．このことから，不確定性原理によって，光子がまったくない真空でも電磁場はつねにゆらいでいると説明される．そのためエネルギーの定義の際には，そのままでは無限大に発散してしまう零点振動のエネルギーを差し引いて定義することが必要となる．これが物理学でいうところの無限大の繰り込みである．じっさいカシミールはその先駆的な論文[2]で，オイラー–マクローリンの公式を使い，未知だった力の存在を導いたのである．この方法は本質的にポアソンの和公式(2.4節参照)を用いることと同等であり，言い換えれば関数等式を用いて複素全平面に解析接続されたリーマンのゼータ関数 $\zeta(s)$ の $s = -3$ での値を求めることとなる．本章では，ここに至る数学的プロセスを紹介し，さらに第5章において非ユークリッド幾何的状況での定式化を試みるための準備としたい．

カシミールはオランダのハーグに1909年に生れた人である．よって量子力学の創設に参加するにはやや遅れてやってきたこととなる．長寿ではあったが，2000年，91歳の誕生日を目前に亡くなった．その活躍の舞台の大半は序章でも述べたとおり大学ではなく民間企業においてであった．しかし物理学者としての名声は無論，数学においても，その名を冠するカシミール効果とカシミール作用素で不滅である．カシミール作用素とはカシミールが量子力学におけるシュレディンガー方程式の記述のために定義したのがはじまりで

あり，物理学が要請する不変性などを考慮することによって自然に導入されたのである．現在では，より広い意味でのカシミール元というものが定義されているが，その最も基本的なものとして，ユークリッド空間におけるラプラシアン

$$\Delta = \frac{\partial^2}{\partial x_1^2} + \cdots + \frac{\partial^2}{\partial x_d^2}$$

がある．実際，Δ は第 4 章でみるように回転の群による不変性をもつので，カシミール作用素と呼ばれる微分作用素の典型になっている．その意味で，本章では「カシミール効果のエネルギーはカシミール作用素の平方根の跡(トレース)の半分である」という視点に基づいて話をしよう．

2.3 カシミールエネルギーの定義と計算

場の量子論においては，質量 m のスカラー場のハミルトニアン $\hat{H}$ は

$$\hat{H} = \frac{1}{2}\sum_k \omega_k(a_k^\dagger a_k + a_k a_k^\dagger)$$

で与えられる．ただし $\omega_k^2 = k^2 + m^2$ は，クライン-ゴルドン作用素 $-\Delta + m^2$ の固有値であり，生成演算子 $a_k^\dagger$ と消滅演算子 a_k は，交換関係

$$[a_k, a_{k'}^\dagger] = \delta_{kk'}, \quad [a_k, a_{k'}] = [a_k^\dagger, a_{k'}^\dagger] = 0$$

を満たしている．ただし，2 つの演算子 b, c に対し $[b, c] = bc - cb$ であり，$\delta_{kk} = 1$ や 0 は，それぞれ恒等変換，零写像を表す．つまりこれは，無限個の調和振動子の(テンソル)積を考えていることに対応している．調和振動子については，次章で詳しく扱う．

さて，上に述べた交換関係を用いると次がわかる．

補題 2.1 $[a_k, (a_k^\dagger)^m] = m(a_k^\dagger)^{m-1}$.

[証明] 数学的帰納法で示す．$[a_k, a_k^\dagger] = 1$ より $m = 1$ のときは正しい．m のとき正しいと仮定しよう．すると，

$$\begin{aligned}[a_k, (a_k^\dagger)^{m+1}] &= [a_k, (a_k^\dagger)^m]a_k^\dagger + (a_k^\dagger)^m[a_k, a_k^\dagger] \\ &= m(a_k^\dagger)^{m-1}a_k^\dagger + (a_k^\dagger)^m\end{aligned}$$

$$= (m+1)(a_k^\dagger)^m$$

となり，$m+1$ のときも正しいので証明された． ∎

これを用いて，$\hat{H}$ の真空期待値 $E_0 = \langle 0|\hat{H}|0\rangle$ を計算しよう．E_0 は，場の零点エネルギーとも呼ばれている．数学ではあまり見慣れない記号であるが，$\langle\cdot|, |\cdot\rangle$ はそれぞれブラベクトル，ケットベクトルと呼ばれ，物理では"状態"を記述するのに用いられている．数学的には，$|0\rangle$ は消滅演算子 a_k で消されるベクトル，すなわち $a_k|0\rangle = 0$ であり，$\langle 0|$ は $\langle 0|0\rangle = 1$ なる $|0\rangle$ の双対ベクトルである．

真空状態を表す $|0\rangle$ から，生成演算子 $a_k^\dagger$ を繰り返し用いて m 個の粒子がある状態 $(a_k^\dagger)^m|0\rangle$ をつくろう．いま，$n_k = a_k^\dagger a_k$ とおく．すると

$$\begin{aligned}
n_k(a_k^\dagger)^m|0\rangle &= a_k^\dagger a_k (a_k^\dagger)^m |0\rangle \\
&= a_k^\dagger \left([a_k, (a_k^\dagger)^m] + (a_k^\dagger)^m a_k\right) |0\rangle \\
&= a_k^\dagger \cdot m (a_k^\dagger)^{m-1} |0\rangle + 0 \\
&= m(a_k^\dagger)^m |0\rangle
\end{aligned}$$

となる．よって，$(a_k^\dagger)^m|0\rangle$ は，n_k の固有値 m に属する固有ベクトルであることを示している．$(a_k^\dagger)^m|0\rangle$ は，粒子が m 個存在する状態を表しているので，$n_k = a_k^\dagger a_k$ を個数演算子と呼ぶことが多い．逆にいえば，$|0\rangle$ は，$n_k|0\rangle = 0$ を満たすので粒子がない状態であり，したがって $|0\rangle$ は真空ベクトルとよばれる．

与えられた交換関係から $\hat{H}$ は

$$\hat{H} = \sum_k \omega_k \left(n_k + \frac{1}{2}\right)$$

と書けているので $\hat{H}|0\rangle = \frac{1}{2}\sum_k \omega_k |0\rangle$．つまり真空期待値 $E_0 = \langle 0|\hat{H}|0\rangle$ は

$$E_0 = \frac{1}{2}\sum_k \omega_k$$

となる．

物理的意味からすると，カシミールエネルギーは場の真空エネルギーである．考える場における境界の存在は当然エネルギースペクトルを変化させるので，真空エネルギーとしては零点エネルギーの差として相対的に定義する

2.3 カシミールエネルギーの定義と計算

のが自然である．ここで零点エネルギーとは，上で述べたように取りうる状態モード，つまり与えられた境界条件の下で場の作用素の取りうるスペクトル（固有値）の平方根の和の半分として定義される．いま領域 M において定義された2階の自己共役で正値の楕円型微分作用素の固有値を λ_k とするとき，M の零点エネルギーは $\frac{1}{2}\sum_k \hbar \lambda_k^{1/2}$ で与えられる発散量である．$\hbar$ はプランク定数 h を 2π で割った数である．したがってカシミールエネルギーはおおよそ次で定義すればよい（後述の (#) を参照）．

(∗) $E_{\text{Casimir}}[M] = \{M$ の零点エネルギー$\} - \{$全空間の零点エネルギー$\}$.

第5章でリーマン面のカシミールエネルギーを定式化するときにもこの表式が根拠となる．しかしひとまず，もっとも簡単な場合にカシミール力をきちんと復習し計算しきることを目標としよう．

d 次元のユークリッド空間の中で，$x_1 = 0$ と $x_1 = a$ で定まる2枚の平行超平面と，それらに直交する幅が L の超平面で囲まれた箱で定義された領域 M においてディリクレ境界条件に従うスカラー場を考える（図 2.1）：$L \gg a, L \gg 1$ としておく．いま M は，x_1 軸に直交する片方の壁を $x_1 = L$ とした，より大きな箱の中にあるとする．場は $d+1$ 次元時空にあり，場の方程式を与えるクライン-ゴルドン作用素の時間依存部分はラプラシアン Δ で与えられる空間成分と分離できているとしよう．カシミールエネルギーを定式化するために以下の領域を考える．

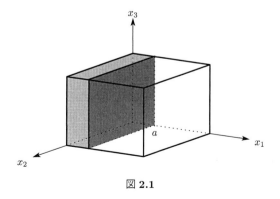

図 2.1

2 カシミール効果とゼータ関数

I : $0 \leq x_1 \leq a$, $0 \leq x_2 \leq L$, ..., $0 \leq x_d \leq L$
II : $a \leq x_1 \leq L$, $0 \leq x_2 \leq L$, ..., $0 \leq x_d \leq L$
III : $0 \leq x_1 \leq L/\eta$, $0 \leq x_2 \leq L$, ..., $0 \leq x_d \leq L$
IV : $L/\eta \leq x_1 \leq L$, $0 \leq x_2 \leq L$, ..., $0 \leq x_d \leq L$.

ここで η は $L/\eta \gg a$ となるように選んでいる．この状況でカシミールエネルギー $E_{\text{Casimir}}(a)$ は

$$E_{\text{Casimir}}(a) = E_{\text{I}}(a) + E_{\text{II}}(L-a) - \{E_{\text{III}}(L/\eta) + E_{\text{IV}}(L-L/\eta)\}$$

で定義される．ここで $E_{\text{I}}(a)$ などは上記の領域 I などでの零点エネルギーである．詳しく述べると，境界壁で消える(波)という条件下でのラプラシアンの固有状態の零点エネルギーは，領域 I の場合，形式的には

$$E_{\text{I}}(a) = \frac{1}{2} \sum_{n_1=1}^{\infty} \sum_{n_2=1}^{\infty} \cdots \sum_{n_d=1}^{\infty} \sqrt{k_1^2 + k_2^2 + \cdots + k_d^2}$$

となる．ただし $\hbar = 1$ とおいた．ここで $k_1, \ldots, k_d$ は

$$k_1 = \frac{\pi}{a} n_1, \quad k_2 = \frac{\pi}{L} n_2, \quad \ldots, \quad k_d = \frac{\pi}{L} n_d \quad (n_i \in \mathbb{N})$$

で与えられる波数(ベクトルの成分)である．右辺に現れる和は，ラプラシアンの平方根のトレースと考えられることに着目してほしい．ところで L は非常に大きいとしているから $k_2, \ldots, k_d$ たちを連続な変数だとみなして差し支えない．つまり L が十分大きいときには，

$$\int_0^{\infty} f(k) dk \fallingdotseq \frac{\pi}{L} \sum_{n=1}^{\infty} f\left(\frac{n\pi}{L}\right)$$

と考えてよいわけだ．そこでさらに $E_{\text{I}}(a)$ を $k_2, \ldots, k_d$ 空間における極座標で書き直すと，$d-2$ 次元球面の表面積は $\dfrac{2\sqrt{\pi}^{d-1}}{\Gamma\left(\dfrac{d-1}{2}\right)}$ だから

$$E_{\text{I}}(a) = \frac{L^{d-1}}{(4\pi)^{(d-1)/2} \Gamma\left(\dfrac{d-1}{2}\right)} \sum_{n=1}^{\infty} \int_0^{\infty} \sqrt{\left(\frac{\pi n}{a}\right)^2 + k^2} \, k^{d-2} dk$$

となる．また $E_{\text{II}}(L-a), E_{\text{III}}(L/\eta)$ や $E_{\text{IV}}(L-L/\eta)$ についても $L-a, L/\eta$ や $L-L/\eta$ は十分大きいとしてよいので，たとえば $E_{\text{II}}(L-a)$ は

2.3 カシミールエネルギーの定義と計算

$$E_{\mathrm{II}}(L-a) = \frac{L^{d-1}}{(4\pi)^{(d-1)/2}\Gamma\left(\dfrac{d-1}{2}\right)} \frac{L-a}{\pi} \int_0^\infty \int_0^\infty \sqrt{x^2+k^2}\, k^{d-2}\, dk\, dx$$

と表される.残りの発散量 $E_{\mathrm{III}}(L/\eta), E_{\mathrm{IV}}(L-L/\eta)$ についても同様である.したがって

$$\frac{L-a}{\pi} - \left(\frac{L/\eta}{\pi} + \frac{L-L/\eta}{\pi}\right) = -\frac{a}{\pi}$$

に注意すると次に至る.

(#) $E_{\mathrm{Casimir}}(a)$
$$= \frac{L^{d-1}}{(4\pi)^{(d-1)/2}\Gamma\left(\dfrac{d-1}{2}\right)} \left\{\sum_{n=1}^\infty F\left(\frac{\pi n}{a}\right) - \frac{a}{\pi}\int_0^\infty F(x)dx\right\}.$$

これはたしかに $(*)$ の形になっている.ただし

$$F(x) = \int_0^\infty k^{d-2}(x^2+k^2)^{1/2}dk$$

と置いた.$F(x)$ の右辺の積分は言うまでもなく発散している.意味をつけるためにベータ関数の積分表示およびガンマ関数との関係式

$$B(p,q) = \int_0^1 t^{p-1}(1-t)^{q-1}dt = \int_0^\infty \frac{t^{p-1}}{(1+t)^{p+q}}dt,$$
$$B(p,q) = \frac{\Gamma(p)\Gamma(q)}{\Gamma(p+q)}$$

を思い出し,ていねいに計算すると

$$F(x) = -\frac{x^d}{4\pi^{1/2}} \Gamma\left(\frac{d-1}{2}\right) \Gamma\left(-\frac{d}{2}\right)$$

となる.次元を表す d が偶数だと $\Gamma\left(-\dfrac{d}{2}\right)$ は都合が悪いが,しばらく d は一般の複素数だと思っておおらかになろう.これは物理で次元による正規化とよばれる手法である.ゼータの正規化積(第6章を参照)を思い浮かべる感覚は大切なものである.実際いまからこれを使って $E_{\mathrm{Casimir}}(a)$ の真の値,すなわち無限大の繰り込みによって得られる意味のある有限の値を取り出す

ための処方を施すことにする.

ここでは以下に述べるプラナの和公式を用いる.

定理 2.2(プラナの和公式) $\mathrm{Re}(z) \geq 0$ で正則な関数 $f(z)$ を考える. $f(z)$ は, $\mathrm{Re}(z) \geq 0$ で $|z| \to \infty$ とするとき $|z|^2 |f(z)| \to 0$ となるものとする. このとき次が成立する.

$$\sum_{n=1}^{\infty} f(n) = \int_0^{\infty} f(x)dx - \frac{1}{2}f(0) + i\int_0^{\infty} \frac{f(ix) - f(-ix)}{e^{2\pi x} - 1} dx.$$

[証明] 増大度の条件があるので, それと $f(z)$ が $\mathrm{Re}(z) \geq 0$ で正則であることから $\varepsilon > 0$ において

$$\int_0^{\infty} f(x)dx = \lim_{\varepsilon \downarrow 0} \left\{ \int_{0-i\varepsilon}^{\infty-i\varepsilon} f(x)dx + \int_0^{0-i\varepsilon} f(x)dx \right\}$$

$$= \lim_{\varepsilon \downarrow 0} \int_{0-i\varepsilon}^{\infty-i\varepsilon} f(x) \frac{e^{2\pi ix} - 1}{e^{2\pi ix} - 1} dx$$

$$= \lim_{\varepsilon \downarrow 0} \int_{0-i\varepsilon}^{\infty-i\varepsilon} \left\{ \frac{e^{2\pi ix} f(x)}{e^{2\pi ix} - 1} - \frac{f(x)}{e^{2\pi ix} - 1} \right\} dx$$

と考えてよい. 証明の大雑把な方針は, 上式の最終の積分のうち, 第 1 項は時計の針と反対方向, 第 2 項は同じ方向にそれぞれ 90 度回転したような積分路に変更することである. 実行しよう.

第 2 項のほうは, 図 2.2(a) のような積分路を考えると, 囲まれた部分には被積分関数の極がないので, $|z| \to \infty$ で消えるという増大度条件を用いると

$$\int_{0-i\varepsilon}^{\infty-i\varepsilon} -\frac{f(x)}{e^{2\pi ix} - 1} dx = -\int_{-i\infty}^{-i\varepsilon} \frac{f(x)}{e^{2\pi ix} - 1} dx$$

$$= i\int_{\varepsilon}^{\infty} \frac{f(-it)}{e^{2\pi t} - 1} dt$$

となる. $\varepsilon \downarrow 0$ とすれば, これは $i\int_0^{\infty} \frac{f(-it)}{e^{2\pi t} - 1} dt$ となる.

第 1 項の方は図 2.2(b) のような積分路を考える. ここで, 原点のまわりは, 原点をさけて半周する半径 ε の半円 C_ε に沿った積分路である. 第 2 項と同様に, $|z| \to \infty$ で $|f(z)|$ が早く 0 に近づくことから, 大きい $\frac{1}{4}$ 円周上の寄与は消えるので留数定理から

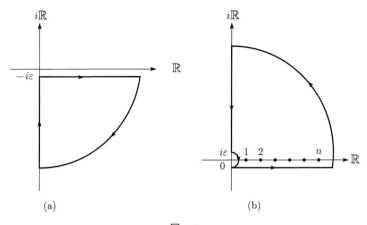

図 2.2

$$\int_{0-i\varepsilon}^{\infty-i\varepsilon} \frac{e^{2\pi ix}f(x)}{e^{2\pi ix}-1}$$
$$= 2\pi i \sum_{n=1}^{\infty} \operatorname*{Res}_{z=n} \frac{e^{2\pi iz}f(z)}{e^{2\pi iz}-1} + \int_{C_\varepsilon} \frac{e^{2\pi iz}f(z)}{e^{2\pi iz}-1}dz + i\int_\varepsilon^\infty \frac{e^{-2\pi t}f(it)}{e^{-2\pi t}-1}dt$$

を得る．ここで，Res は，留数をとることを表し，

$$\operatorname*{Res}_{z=n} \frac{e^{2\pi iz}f(z)}{e^{2\pi iz}-1} = \lim_{z\to n} e^{2\pi iz}f(z) \cdot \frac{z-n}{e^{2\pi iz}-1} = \frac{1}{2\pi i}f(n)$$

となる．また，半円 C_ε の部分については，留数定理より容易に導かれる次の補題を用いよう．

補題 2.3 $\varphi(z)$ を $z=a$ の近くで，a にのみ 1 位の極をもつ有理型関数とする．C_ε を $z=a$ を中心とする半径 ε の半円とするとき

$$\lim_{\varepsilon\downarrow 0}\int_{C_\varepsilon}\varphi(z)dz = \pi i \operatorname*{Res}_{z=a}\varphi(z).$$ □

この補題から次がわかる．

$$\lim_{\varepsilon\downarrow 0}\int_{C_\varepsilon} \frac{e^{2\pi iz}f(z)}{e^{2\pi iz}-1}dz = \pi i \operatorname*{Res}_{z=0} \frac{e^{2\pi iz}f(z)}{e^{2\pi iz}-1} = \frac{1}{2}f(0).$$

以上のことから，

$$\lim_{\varepsilon \downarrow 0} \int_{0-i\varepsilon}^{\infty-i\varepsilon} \frac{e^{2\pi ix} f(x)}{e^{2\pi ix} - 1} dx = \sum_{n=1}^{\infty} f(n) + \frac{1}{2} f(0) - i \int_0^\infty \frac{f(it)}{e^{2\pi t} - 1} dt$$

を得る．

よって，第2項の計算とあわせてプラナの和公式が証明された．

この和公式は本質的にはポアソンの和公式と同等なものであり，しかもいまの設定では先で考えるリーマン面の場合のセルバーグ跡公式と見掛け上比較し易い．プラナの和公式は次のように，右辺の一部を左辺に移項して

$$(\#\#) \qquad \sum_{n=1}^{\infty} f(n) - \int_0^\infty f(x) dx = -\frac{1}{2} f(0) + i \int_0^\infty \frac{f(ix) - f(-ix)}{e^{2\pi x} - 1} dx$$

と見るのがよい．上のプラナの和公式のなかでは，$f(z)$ の増大度(無限遠方で早く消えること)を要請したが，∞ の繰り込みという観点からは，このように，$\int_0^\infty f(x) dx$ を左辺にもってゆき，$\sum_{n=1}^\infty f(n)$ から出る発散を $\int_0^\infty f(x) dx$ のそれから相殺してしまう手続きこそが重要なのである．実際，右辺に残った積分は，分母に指数関数があるので，$f(x)$ が多項式程度の増大度であれば，問題なく収束するからである．

さて，ガンマ関数の性質 $\Gamma(z)\Gamma(1-z) = \dfrac{\pi}{\sin \pi z}$ から

$$F(ix) - F(-ix) = -\frac{ix^d}{2\pi^{1/2}} \Gamma\left(\frac{d-1}{2}\right) \Gamma\left(-\frac{d}{2}\right) \sin \frac{\pi d}{2}$$

$$= \frac{ix^d}{2} \pi^{1/2} \frac{\Gamma\left(\dfrac{d-1}{2}\right)}{\Gamma\left(1+\dfrac{d}{2}\right)}$$

となることに注意する．そこで $f(x) = F\left(\dfrac{\pi}{a} x\right)$ を $(\#\#)$ に代入すると，$F(0) = 0$ なので

$$E_{\text{Casimir}}(a) = -\frac{aL^{d-1}}{2^d \pi^{d/2}} \frac{1}{\Gamma\left(1+\dfrac{d}{2}\right)} \int_0^\infty \frac{x^d}{e^{2ax} - 1} dx.$$

さらにリーマンゼータ $\zeta(s)$ の積分表示

$$\zeta(s) = \frac{1}{\Gamma(s)} \int_0^\infty \frac{t^{s-1}}{e^t - 1} dt \qquad (\text{Re}(s) > 1)$$

を利用し，ガンマ関数の倍数公式

$$\Gamma(2z) = \frac{2^{2z}}{2\sqrt{\pi}} \Gamma(z) \Gamma\left(z + \frac{1}{2}\right)$$

を用いると，カシミールエネルギーは結局

$$E_{\text{Casimir}}(a) = -\frac{L^{d-1}}{(4\pi)^{(d+1)/2}} \Gamma\left(\frac{d+1}{2}\right) \zeta(d+1) \frac{1}{a^d}$$

となる．以上ではあらかじめプラナの和公式を用い $E_{\text{Casimir}}(a)$ の値を取り出したが，その際に行った無限大の繰り込みは，$\zeta(-d)$ の値を $s \leftrightarrow 1-s$ の関数等式を用いて $\zeta(d+1)$ から求めるのに相当する．

上の表示から単位面積当りのカシミールエネルギー $E^0_{\text{Casimir}}(a)$ がわかる．たとえば 3 次元 $(d=3)$ の場合には，$\zeta(4) = \dfrac{\pi^4}{90}$ だから

$$E^0_{\text{Casimir}}(a) = -\frac{\pi^2}{1440} \frac{1}{a^3}$$

である．したがって単位面積当りのカシミール力 $F_{\text{Casimir}}(a)$ を求めるには $E^0_{\text{Casimir}}(a)$ を微分すればよい．よって

$$F_{\text{Casimir}}(a) = -\frac{\partial}{\partial a} E^0_{\text{Casimir}}(a) = -\frac{\pi^2}{480} \frac{1}{a^4}$$

と計算ができた．

2.4 素数とリーマンゼータ関数

前節までに，カシミール効果という，直接的にはなんら素数と関わりがなさそうに見える物理現象までが，ゼータ関数 $\zeta(s)$ と深い関係をもっていることを見てきた．ここでは $\zeta(s)$ について，よく知られた主な性質をまとめておくことにしよう．これは，第 5 章において，非ユークリッド幾何的状況でカシミール効果を定式化する際にもヒントとなるだろう．オイラー積で定義されたリーマンゼータ関数

$$\zeta(s) = \prod_{p:\text{素数}} (1 - p^{-s})^{-1} = \sum_{n=1}^{\infty} \frac{1}{n^s}$$

は $\mathrm{Re}(s) > 1$ で定まる複素半平面で正則であり，全平面 $\mathbb{C}$ に有理型関数として解析接続される．また，$\zeta(s)$ は $s = 1$ で留数が 1 の極をもつほかは，極をもたない．たとえば，$s = 0$ でも解析的であり

$$\zeta(0) = \text{``}1 + 1 + 1 + \cdots\text{''} = -\frac{1}{2}$$

などもわかる．

まずはじめに

命題 2.4(関数等式)

$$\zeta(1-s) = 2^{1-s}\pi^{-s}\Gamma(s)\cos\left(\frac{\pi s}{2}\right)\zeta(s)$$

が成り立つ．この関数等式は，$\hat{\zeta}(s) = \pi^{-s/2}\Gamma\left(\frac{s}{2}\right)\zeta(s)$ とおくことによって，

$$\hat{\zeta}(1-s) = \hat{\zeta}(s)$$

と，対称な形になる． □

この $\hat{\zeta}(s)$ を完備化されたリーマンゼータ，$\pi^{-s/2}\Gamma\left(\frac{s}{2}\right)$ をガンマ因子とよぶ．

リーマンゼータ $\zeta(s)$ の関数等式の背後にあるのが，次のポアソンの和公式である．

$$\sum_{n \in \mathbb{Z}} f(n) = \sum_{m \in \mathbb{Z}} \hat{f}(m).$$

ここで，$\hat{f}(y)$ は $f(x)$ のフーリエ変換である：

$$\hat{f}(y) = \int_{-\infty}^{\infty} f(x) e^{-2\pi i x y} dx.$$

ポアソンの和公式のはじまりにあったのは，ヤコビによる

$$1 + 2e^{-\pi/t} + 2e^{-4\pi/t} + 2e^{-9\pi/t} + \cdots$$
$$= \sqrt{t}\left(1 + 2e^{-\pi t} + 2e^{-4\pi t} + 2e^{-9\pi t} + \cdots\right) \quad (t > 0)$$

というテータ変換公式(1829 年)とよばれるものである．もともとは，数値計算を行ってこのような美しい等式が発見された．現在は何けたでも思う存分計算できるようになっているが，果たしてこのような本質的な進歩はどのくらいあるだろうか．

ところでいまならこの変換公式は，$f(x) = e^{-\pi x^2 t}$ とすれば $\hat{f}(y) = \frac{1}{\sqrt{t}}e^{-\pi y^2/t}$ となるので，ポアソンの和公式から容易に導かれる．じっさい

$$\theta(t) = \sum_{n=-\infty}^{\infty} e^{-\pi n^2 t} = 1 + 2e^{-\pi t} + 2e^{-4\pi t} + 2e^{-9\pi t} + \cdots$$

とおくと，上の変換公式は $\theta(t)$ の $t \mapsto \dfrac{1}{t}$ なる変換に対するポアソン公式から従う（保型性とよばれる）おおよその不変性

(☆) $$\theta\left(\frac{1}{t}\right) = \sqrt{t}\,\theta(t)$$

を表している．$\zeta(s)$ の関数等式は，積分表示

(♮) $$\pi^{-s/2}\Gamma\left(\frac{s}{2}\right)\zeta(s) = \frac{1}{2}\int_0^\infty (\theta(t)-1)t^{s/2-1}dt$$

を用いてテータ変換公式 (☆) から得られる．

問 2.1 ガンマ関数の積分表示

$$\Gamma\left(\frac{s}{2}\right) = \int_0^\infty e^{-t}t^{s/2-1}dt \qquad (\mathrm{Re}(s) > 0)$$

を用いて，$\zeta(s)$ の積分表示 (♮) を導け．

(a) リーマン予想

リーマン予想とは，$\zeta(s)$ の非自明な零点は，すべて直線 $\mathrm{Re}(s) = \dfrac{1}{2}$ 上にあるだろうという人類最大の数学の予想のことである．

たとえばハーディは，1914 年に無限個の零点が実際 $\mathrm{Re}(s) = \dfrac{1}{2}$ 上にあることを示したし，さらにセルバーグによって $\mathrm{Re}(s) = \dfrac{1}{2}$ 上に正の比率で零点が存在することがわかっている．このように，その確からしさには多くの根拠がある．参考までに $\zeta(s)$ の最初の 30 個の非自明な零点 $\rho_n = \dfrac{1}{2} + it_n$ の虚部 $t_n (n = 1, 2, \ldots, 30)$ を小数点以下 6 桁まで表にしておこう（表 2.1）．なお現在までに，最初の 1500000001 個の零点が計算されている．またそれらは，すべて 1 位（単根）である（オドリッコ [40] の表 1）．

$\zeta(s)$ は $\mathrm{Re}(s) > 1$ の範囲では，オイラー積表示 $\zeta(s) = \prod(1-p^{-s})^{-1}$ という形に書けているので零点をもたない．したがって，関数等式とガンマ関数

表 2.1 $\zeta(s)$ の最初の 30 個の非自明な零点の虚部

14.134725⋯	52.970321⋯	79.337375⋯
21.022039⋯	56.446247⋯	82.910380⋯
25.010857⋯	59.347044⋯	84.735479⋯
30.424876⋯	60.831778⋯	87.425274⋯
32.935061⋯	65.112544⋯	88.809111⋯
37.586178⋯	67.079810⋯	92.491899⋯
40.918719⋯	69.546401⋯	94.651344⋯
43.327073⋯	72.067157⋯	95.870634⋯
48.005150⋯	75.704690⋯	98.831194⋯
49.773832⋯	77.144840⋯	101.317851⋯

の性質より,$\zeta(s)$ は $\mathrm{Re}(s) < 0$ においては $s = -2, -4, -6, \ldots$ に 1 位の零点をもち,その他には零点をもたない.これらを $\zeta(s)$ の**自明な零点**と呼んでいる.これに対し,$0 \leq \mathrm{Re}(s) \leq 1$ の範囲での零点については容易にはわからず,それらを**非自明な零点**と呼んでいる.

(b) 素数の分布と $\zeta(s)$

$x > 0$ とし,$\pi(x)$ で x 以下の素数の個数を表す.たとえば
$$\pi(2) = 1, \quad \pi(3) = 2, \quad \pi(4) = 2, \quad \pi(5) = 3,$$
$$\pi(6) = 3, \quad \pi(7) = 4, \quad \ldots, \quad \pi(100) = 25, \ldots$$
である.素数が無限個あることは 1.2 節 (a) のオイラー積で $\zeta(1) = +\infty$ となることからわかるので,最大の興味は x を大きくしたときの $\pi(x)$ の値である.$\pi(x)$ の値についてルジャンドルは 1808 年に

$$\pi(x) \sim \frac{x}{\log x}$$

となるだろうと予想した.ここで記号 $\sim$ は,両辺の比が $x \to \infty$ としたとき 1 に近づくことを意味している.ガウスはルジャンドルとは独立に,より精密な

2.4 素数とリーマンゼータ関数

$$\pi(x) \sim \operatorname{Li}(x) := \int_0^x \frac{dt}{\log t} = \lim_{\eta \to 0} \left(\int_0^{1-\eta} + \int_{1+\eta}^x \right) \frac{dt}{\log t}$$

を予想している．$\pi(x)$ と $\operatorname{Li}(x)$ を比べるためにいくつかを計算してみると，表 2.2 のようになる．

この予想は，いまからおよそ 100 年前，1896 年にド・ラ・ヴァレ・プーサンとアダマールによって証明されたが，そのときの鍵となったのが，$\zeta(s)$ が $\operatorname{Re}(s) \geq 1$ で消えない(零にならない)という性質である．とりわけ，このベルギーの数学者プーサンの素数研究は驚異に満ちている．その「素数論の解析的研究」と題する最初の 3 部作

"Recherches analitiques sur la théorie des nombres premiers (I),

(II), (III)", Annales de la Société scientifique de Bruxelles **20**

(1896), 183-256 (Part(I)), 281-397 (Part(II), Part(III))

を完成したのち，彼はさらに詳しく

$$\pi(x) = \operatorname{Li}(x) + O(xe^{-c\sqrt{\log x}}) \quad (\exists c > 0)$$

という誤差項についての評価も証明している(1899)．このような素数の個数に関する結果を一般に**素数定理**という．

さて，もしリーマン予想が正しければ，素数定理の究極の精密化である素数公式

表 2.2 素数の個数と，対数積分によるその近似値

N	$\pi(N)$	$\operatorname{Li}(N)$ の近似値
10^2	25	29
10^3	168	178
10^4	1229	1246
10^5	9592	9630
10^6	78498	78628
10^7	664579	664918
10^8	5761455	5762209
10^9	50847532	50849235
10^{10}	455052511	455055615

$$\pi(x) = \mathrm{Li}(x) + O(x^{1/2}\log x)$$

が従うことが知られている．また，第 6 章で述べるが逆も正しいことがわかっている．

以上をまとめておくと次のようになる(図 2.3)．

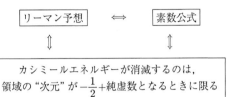

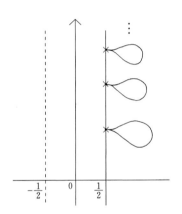

図 2.3 量子場のエネルギー準位？

3

リー環の表現とカシミール元

　群とは対称性を数学的に記述する道具である．さてそのなかで，リー群やその無限小近似であるリー環というものがある．リー群とは，たとえば n 次複素正則行列の全体がなす群であるとか，m 次の直交行列全体のなす群などを思い浮かべてもらえばよい．それは最初，ノルウェーの数学者リー(Marius Sophus Lie)によって考えられたものであるが，本来彼自身が目指したことは，いまもって満足するほどに完成しているわけではない．リーやその考えを受け継ぐ人たちの目指すところは，微分方程式に対してのガロア理論構築の夢であった．現在の微分体の理論というのも，このリーの思想に端を発しているものである．ところで対称性や不変性を背後に秘めた数学や物理学では，必ずと言ってよいほど，リー環やリー群が姿を変えて顔をみせる．そして，そのように現れた対称性の様子を数学的に記述するのが表現論の役目である．この章では，リー環とその表現論について述べ，本書の主役であるカシミール元を定義する．さらにそれが，すべてのリー環の元と可換であることを示す．この一見抽象的に見える事実が，じつは次章以降に展開されるカシミール元にまつわる数学を豊かにする理由となる．カシミール元はまさしく中心元なのである．

3.1 リー環とその表現

$\mathbb{F}$ を体とする．本書で扱うのは，ほとんどの場合 $\mathbb{F} = \mathbb{R}, \mathbb{C}, \mathbb{F}_q$ である．

定義 3.1 $\mathbb{F}$ 上のベクトル空間 $\mathfrak{g}$ が $\mathbb{F}$ 上のリー環であるとは，(リーブラケットと呼ばれる)積写像
$$\mathfrak{g} \times \mathfrak{g} \ni (x,y) \longmapsto [x,y] \in \mathfrak{g}$$
が次の条件を満たすときをいう．
(i) $[x,y]$ は双線型，つまり x,y について共に線型，
(ii) $[x,x] = 0 \quad (\forall x \in \mathfrak{g})$,
(iii) ヤコビ律(ヤコビ恒等式ともいう)
$$[[x,y],z] + [[y,z],x] + [[z,x],y] = 0 \quad (\forall x,y,z \in \mathfrak{g})$$
が成り立つ． □

ここで体 $\mathbb{F}$ の標数が 2 でないときには，(ii) を次の (ii)′ に置き換えてもよい．

(ii)′ $[x,y] = -[y,x] \quad (\forall x,y \in \mathfrak{g})$．

実際，$x = y$ とおくと $2 \neq 0$ より (ii)′ $\Rightarrow$ (ii) は明らかである．逆は，(ii) の x のかわりに $[x+y, x+y] = 0$ を考えて (i) より $[x,x] + [x,y] + [y,x] + [y,y] = 0$，再度 x,y について (ii) を用いると (ii)′ がでる．

リーブラケットは一般には結合的な積ではない．しかし次のように，結合的な代数 A ——双線型な結合的積 $(x,y) \mapsto xy$ があるベクトル空間——に対しては，つねにリー環 $L(A)$ が定義できる！ 実際，$L(A)$ のリーブラケットとして，$[x,y] = xy - yx$ と定めると (i), (ii) は明らかに成立する．また
$$[[x,y],z] = (xy-yx)z - z(xy-yx)$$
$$= xyz - yxz - zxy + zyx$$
だから
$$[[x,y],z] + [[y,z],x] + [[z,x],y]$$
$$= xyz - yxz - zxy + zyx$$
$$+ yzx - zyx - xyz + xzy$$

$$+ zxy - xzy - yzx + yxz$$
$$= 0$$

となり，たしかにヤコビ律も成り立つ．

例 3.1 V を $\mathbb{C}$ 上のベクトル空間とするとき，$\mathrm{End}_{\mathbb{C}}(V)$ で V 上の線型変換の全体がなすベクトル空間とする．$\alpha, \beta \in \mathrm{End}_{\mathbb{C}}(V)$ に対して，$[\alpha, \beta] = \alpha\beta - \beta\alpha$ (α と β の積 $\alpha\beta$ は，写像の合成)とおき，α と β の交換子という．$[\,,\,]$ がリーブラケットの性質を満たすことは上で示したことに他ならない．そこで，$\mathrm{End}_{\mathbb{C}}(V)$ にこの $[\,,\,]$ を考えてできるリー環を $\mathfrak{gl}(V)$ と定義する．$V = \mathbb{C}^n$ のときには，$\mathfrak{gl}(V)$ を $\mathfrak{gl}_n(\mathbb{C})$ と書くことが多い．$\mathfrak{gl}_n(\mathbb{C})$ は n 次複素行列全体 $\mathrm{Mat}_n(\mathbb{C})$ と一致するから $\dim_{\mathbb{C}} \mathfrak{gl}_n(\mathbb{C}) = n^2$ である． □

リー環 $\mathfrak{g}$ の部分空間 $\mathfrak{h}$ が $\mathfrak{g}$ の**部分リー環**であるとは，$\mathfrak{h}$ 自身がブラケットに関して閉じていること，すなわち $[\mathfrak{h}, \mathfrak{h}] \subset \mathfrak{h}$ を満たすときをいう．また，自明でない({0} でないこと)リー環 $\mathfrak{g}$ が**単純**であるとは，$\mathfrak{g}$ が可換でなく($[\mathfrak{g}, \mathfrak{g}] \neq \{0\}$)，$\mathfrak{g}$ が $\{0\}$ と $\mathfrak{g}$ 自身以外にイデアルをもたないときをいう．ただし $\mathfrak{g}$ の部分リー環 $\mathfrak{h}$ が $\mathfrak{g}$ の**イデアル**であるとは，$[\mathfrak{g}, \mathfrak{h}] \subset \mathfrak{h}$ を満たすことをいうのだった．したがって $\mathfrak{g}$ が単純のとき $[\mathfrak{g}, \mathfrak{g}] = \mathfrak{g}$ である．また明らかに，リー環のイデアルはつねに両側イデアルである．

例 3.2 $n \geq 2$ とするとき，トレースが 0 である $\mathbb{F}$ 係数の $n \times n$ 複素行列がなすリー環 $\mathfrak{sl}_n(\mathbb{F})$ は単純である．このことを示そう．E_{ij} で行列単位を表す．E_{ij} は (i,j) 成分のみが 1 で他はすべて 0 である行列である．たとえば

$$E_{23} = \begin{pmatrix} 0 & 0 & 0 & 0 \\ 0 & 0 & 1 & 0 \\ 0 & 0 & 0 & 0 \\ 0 & 0 & 0 & 0 \end{pmatrix} \in \mathfrak{sl}_4(\mathbb{F}).$$

単純性の証明は次のとおり．$\mathfrak{g} = \mathfrak{sl}_n(\mathbb{F})$ の(ベクトル空間としての)基底として，$E_{ij}(i \neq j), E_{ii} - E_{i+1,i+1}(i = 1, 2, \ldots, n-1)$ がとれる．いま $\mathfrak{h}$ を 0 でない $\mathfrak{g}$ のイデアルとする．$A = (a_{ij})(\neq 0) \in \mathfrak{h}$ としよう．

ある $i \neq j$ に対して $a_{ij} \neq 0$ であるとすると

$$[[A, E_{ij}], E_{ij}] = (AE_{ij} - E_{ij}A)E_{ij} - E_{ij}(AE_{ij} - E_{ij}A)$$
$$= AE_{ij}E_{ij} + E_{ij}E_{ij}A - 2E_{ij}AE_{ij}$$
$$= -2E_{ij}AE_{ij}$$
$$= -2a_{ji}E_{ij}$$

となるので, $\mathfrak{h}$ がイデアルであることから $E_{ij} \in \mathfrak{h}$ がわかる.

もし, $a_{ij} = 0$ $(i \neq j)$ ならば, A は対角行列であり $a_{11}+a_{22}+\cdots+a_{nn} = 0$ を満たしている. ところが

$$[A, E_{ij}] = (a_{ii} - a_{jj})E_{ij}$$

であるので, 少なくとも一組の (i,j) に対して $a_{ii} - a_{jj} \neq 0$ だからこの (i,j) に対して $E_{ij} \in \mathfrak{h}$ である.

いずれにしても, 少なくとも1つの E_{ij} は $E_{ij} \in \mathfrak{h}$ となるので, この E_{ij} から次々にブラケットを重ねることにより

(☆) $\qquad\qquad E_{ij}(i \neq j), E_{ii} - E_{i+1,i+1} \in \mathfrak{h}$

が示される. よって $\mathfrak{h} = \mathfrak{g}$ となり $\mathfrak{g}$ が単純リー環であることが示された. □

問 3.1 (☆) を示せ.

リー環 $\mathfrak{g}$ が**半単純**であるとは, $\mathfrak{g}$ が $\{0\}$ でない単純リー環の直和 $\mathfrak{g} = \mathfrak{g}_1 \oplus \cdots \oplus \mathfrak{g}_l$ となっているときをいう. このとき $\mathfrak{g}_i$ は $\mathfrak{g}$ の両側イデアルとなっている.

例 3.3 $\mathfrak{gl}_n(\mathbb{C}) = \mathfrak{sl}_n(\mathbb{C}) \oplus \mathbb{C}$ であるが, $\mathbb{C}$ (スカラー行列がなすリー環と同一視している) は可換であるから $\mathfrak{gl}_n(\mathbb{C})$ は半単純ではない. □

定義 3.2 $\mathfrak{g}, \mathfrak{g}'$ を $\mathbb{F}$ 上のリー環とする. 線型写像 $f : \mathfrak{g} \to \mathfrak{g}'$ が, リー環の**準同型写像**であるとは,

$$f([X,Y]) = [f(X), f(Y)] \qquad (\forall X, Y \in \mathfrak{g})$$

が成り立つときをいう. f が1対1, 上への写像のとき $\mathfrak{g}$ と $\mathfrak{g}'$ は同型であるという. $\mathfrak{g}$ から $\mathfrak{g}$ 自身への同型を $\mathfrak{g}$ の**自己同型**という. □

$f : \mathfrak{g} \to \mathfrak{g}'$ をリー環の準同型とするとき,

$$f(\mathfrak{g}) = \{f(X) \in \mathfrak{g}' \mid X \in \mathfrak{g}\},$$
$$\ker f = \{X \in \mathfrak{g} \mid f(X) = 0\}$$

とおき, それぞれ f の**像**, **核**という. 明らかに, $f(\mathfrak{g})$ は $\mathfrak{g}'$ の部分リー環で

ある．さらに，$\ker f$ は $\mathfrak{g}$ のイデアルである．実際，$\forall X \in \mathfrak{g}$, $\forall Z \in \ker f$ に対して
$$f([X,Z]) = [f(X), f(Z)] = [f(X), 0] = 0$$
となって $[X,Z] \in \ker f$ が示されるからである．

準同型のうちとくに，$\mathfrak{g} \xrightarrow{\pi} \mathfrak{gl}(V)$ なる準同型写像 π を $\mathfrak{g}$ の V 上の**表現**といい，組 (π, V) で表す．本書では，表現といったら，とくに断わりのない限り $\mathbb{C}$ 上の表現，つまり V は $\mathbb{C}$ 上のベクトル空間とする．

$\mathfrak{g}$ の 2 つの表現 (ρ, V) と (ρ', V') が**同値**であるとは，1 対 1 の線型写像 $T: V \to V'$ が存在して
$$\rho'(x) = T\rho(x)T^{-1} \qquad (\forall x \in \mathfrak{g})$$
が成り立つときをいう．線型代数で学んだことを思い出してみると，これは，V と V' が基底のとり方の違いしか違わないことを意味している．

例 3.4 $\mathfrak{g}$ をリー環とし，$X \in \mathfrak{g}$ に対して，$\mathfrak{g}$ の線型変換 $\mathrm{ad}(X)$ を
$$\mathrm{ad}(X)Y = [X, Y] \qquad (Y \in \mathfrak{g})$$
で定める．ヤコビの恒等式から $\mathrm{ad}([X,Y]) = [\mathrm{ad}(X), \mathrm{ad}(Y)]$ がわかるので，$\mathrm{ad}: \mathfrak{g} \to \mathfrak{gl}(\mathfrak{g})$ は $\mathfrak{g}$ の表現である．これを $\mathfrak{g}$ の**随伴表現**という．$\ker(\mathrm{ad})$ は $\mathfrak{g}$ のすべての元と可換な，つまり $[X, Y] = 0$ が任意の $Y \in \mathfrak{g}$ について成り立つような元の全体であるから，$\mathfrak{g}$ の**中心**という．

定義 3.3 リー環 $\mathfrak{g}$ 上の対称双線型形式 $B : \mathfrak{g} \times \mathfrak{g} \to \mathbb{C}$ を
$$B(X, Y) = \mathrm{tr}\,(\mathrm{ad}(X)\mathrm{ad}(Y))$$
で定義し，$\mathfrak{g}$ の**キリング形式**という． □

$\sigma \in \mathrm{End}(\mathfrak{g})$ が，$\mathfrak{g}$ の任意の元 X, Y に対して，
$$\sigma[X, Y] = [\sigma(X), Y] + [X, \sigma(Y)]$$
という条件を満たすとき，σ を $\mathfrak{g}$ の**微分**という．ヤコビの恒等式により，すべての $X \in \mathfrak{g}$ に対して $\mathrm{ad}(X)$ が $\mathfrak{g}$ の微分であることが，次のように書いてみるとわかる：
$$\mathrm{ad}(X)[Y, Z] = [\mathrm{ad}(X)Y, Z] + [Y, \mathrm{ad}(X)Z].$$
さて，これはさらに，
$$\mathrm{ad}(\mathrm{ad}(X)Y) = \mathrm{ad}(X)\mathrm{ad}(Y) - \mathrm{ad}(Y)\mathrm{ad}(X)$$

と書き改められる．したがって，

$$\begin{aligned}
B(\mathrm{ad}(X)Y, Z) &= \mathrm{tr}\,\mathrm{ad}(\mathrm{ad}(X)Y)\mathrm{ad}(Z) \\
&= \mathrm{tr}\,\mathrm{ad}(X)\mathrm{ad}(Y)\mathrm{ad}(Z) - \mathrm{tr}\,\mathrm{ad}(Y)\mathrm{ad}(X)\mathrm{ad}(Z) \\
&= \mathrm{tr}\,\mathrm{ad}(Z)\mathrm{ad}(X)\mathrm{ad}(Y) - \mathrm{tr}\,\mathrm{ad}(X)\mathrm{ad}(Z)\mathrm{ad}(Y) \\
&= -\mathrm{tr}\,\mathrm{ad}(\mathrm{ad}(X)Z)\mathrm{ad}(Y) \\
&= -B(\mathrm{ad}(X)Z, Y).
\end{aligned}$$

ところで，B は対称だから，

$$B(\mathrm{ad}(X)Y, Z) + B(Y, \mathrm{ad}(X)Z) = 0$$

が成り立つ．この性質を，キリング形式 B は $\mathfrak{g}$ 不変であるという．より一般に，次が成立する．

定理 3.1 $\mathfrak{g}$ をリー環，B を $\mathfrak{g}$ のキリング形式とする．このとき，任意の $X, Y \in \mathfrak{g}$ に対して次が成り立つ．

(1) $a \in \mathrm{Aut}(\mathfrak{g})$（$\mathfrak{g}$ の自己同型）$\Longrightarrow B(aX, aY) = B(X, Y)$．

(2) σ が $\mathfrak{g}$ の微分 $\Longrightarrow B(\sigma X, Y) + B(X, \sigma Y) = 0$．

［証明］(1) は $a[X, Y] = [aX, aY]$ であり，a^{-1} が存在していることより，

$$\mathrm{ad}(aX) = a\,\mathrm{ad}(X)a^{-1}$$

が成り立つから，トレースの性質 $\mathrm{tr}(AB) = \mathrm{tr}(BA)$ より明らかである．

(2) は，$\mathrm{ad}(X)$ の場合と同様に示されるので，読者にまかせる． ∎

例 3.5 3つの元 H, E, F で張られる $\mathbb{C}$ 上の3次元ベクトル空間を V とする．V に

$$[H, E] = 2E, \quad [H, F] = -2F, \quad [E, F] = H$$

で定まるリーブラケットを考えてできるリー環を $\mathfrak{sl}_2(\mathbb{C})$ と書く．というのは，以下に述べる理由からである．いま，2 次の行列 h, e, f を次で定める：

$$h = \begin{pmatrix} 1 & 0 \\ 0 & -1 \end{pmatrix}, \quad e = \begin{pmatrix} 0 & 1 \\ 0 & 0 \end{pmatrix}, \quad f = \begin{pmatrix} 0 & 0 \\ 1 & 0 \end{pmatrix}.$$

h, e, f の交換子は，行列の簡単な計算から

$$[h, e] = 2e, \quad [h, f] = -2f, \quad [e, f] = h$$

を満たすことが確かめられるので，線型写像 $\rho : \mathfrak{sl}_2(\mathbb{C}) \to \mathfrak{gl}_2(\mathbb{C})$ を $\rho(H) =$

h, $\rho(E) = e$, $\rho(F) = f$ で定めれば，ρ は $\mathfrak{sl}_2(\mathbb{C})$ の表現である．さらに，ρ は**忠実**($\ker(\rho) = 0$ であること)なので，$\mathfrak{sl}_2(\mathbb{C})$ は，$\mathfrak{gl}_2(\mathbb{C})$ の中で $\{h, e, f\}$ で張られるリー環 $\{X \in \mathfrak{gl}_2(\mathbb{C}) \mid \operatorname{tr} X = 0\}$ と同型(同じ！)である．つまり例 3.2 との整合性が確認されたわけである．上のようにリー環 $\mathfrak{sl}_2(\mathbb{C})$ を生成元と交換関係により抽象的に定義したとき，この ρ を $\mathfrak{sl}_2(\mathbb{C})$ の**自然表現**という．"同じ" であるので，今後は $H = h$, $E = e$, $F = f$ と考え両者を区別しない．

同様に
$$\mathfrak{sl}_2(\mathbb{R}) = \{X \in \mathfrak{gl}_2(\mathbb{R}) \mid \operatorname{tr} X = 0\} = \mathbb{R}\langle H, E, F \rangle$$
と考えてよい．$\mathfrak{sl}_2(\mathbb{C})$ は $\mathfrak{sl}_2(\mathbb{R})$ の複素化，すなわち，$\mathfrak{sl}_2(\mathbb{C}) = \mathfrak{sl}_2(\mathbb{R}) \otimes_{\mathbb{R}} \mathbb{C}$ となっている． □

ドイツ文字で $\mathfrak{sl}_2$ と記した理由は，それが後に説明するように 2 次の特殊線型群(special linear group)$SL_2(\mathbb{R}) = \{g \in \operatorname{Mat}_2(\mathbb{R}) \mid \det g = 1\}$ とよばれるリー群のリー環となるからである．

3.2 リー環の普遍包絡環とカシミール元

$\mathbb{C}$ 上のベクトル空間 V が $\mathfrak{g}$ **加群**であるとは，写像(作用という)

$$\begin{array}{ccc} \mathfrak{g} \times V & \longmapsto & V \\ \cup & & \cup \\ (x, v) & \longmapsto & xv \end{array}$$

が次の条件を満たしているときをいう：
 (i) xv は，x と v について線型である．
 (ii) $[x, y]v = x(yv) - y(xv)$ $(\forall x, y \in \mathfrak{g}, v \in V)$．

いま，(ρ, V) を $\mathfrak{g}$ の表現とすると，$\mathfrak{g}$ の V への作用を $xv = \rho(x)v$ で定めることにより，V は $\mathfrak{g}$ 加群となる．

逆に，$\mathfrak{g}$ 加群が $\mathfrak{g}$ の表現を定義することを確かめよう．$x \in \mathfrak{g}$ に対して，V の線型変換 $\rho(x)$ を
$$\rho(x)v = xv \quad (v \in V)$$

で定める.このとき,$\mathfrak{g}$ 加群の定義の (ii) より

$$\rho([x,y])v = [x,y]v = x(yv) - y(xv)$$
$$= \rho(x)(\rho(y)v) - \rho(y)(\rho(x)v)$$
$$= [\rho(x),\rho(y)]v$$

となる.したがって

$$\rho([x,y]) = [\rho(x),\rho(y)]$$

であるから,$x \mapsto \rho(x)$ は $\mathfrak{g} \to \mathfrak{gl}(V)$ なる準同型である.よって,加群 V から $\mathfrak{g}$ の表現 (ρ, V) が得られた.「$\mathfrak{g}$ の表現」と「$\mathfrak{g}$ 加群」という 2 つの用語は状況に応じて使い分ける,あるいは混在させる(?)と便利がよい.

$\mathfrak{g}$ を $\mathbb{C}$ 上の有限次元リー環とする.$T(\mathfrak{g})$ を $\mathfrak{g}$ のテンソル代数とする.

$$T^0(\mathfrak{g}) = \mathbb{C},\ T^1(\mathfrak{g}) = \mathfrak{g},\ T^2(\mathfrak{g}) = \mathfrak{g} \otimes \mathfrak{g},\ \ldots,\ T^n(\mathfrak{g}) = \underbrace{\mathfrak{g} \otimes \cdots \otimes \mathfrak{g}}_{n\text{ 個}}$$

とおくと

$$T(\mathfrak{g}) = \sum_{n=0}^{\infty} T^n(\mathfrak{g})$$

である.

いま,$\mathcal{I}$ を $T(\mathfrak{g})$ の $x \otimes y - y \otimes x - [x,y]$ $(x, y \in \mathfrak{g})$ という形の元で生成される両側イデアルとする.$\mathcal{U}(\mathfrak{g})$ を $\mathcal{I}$ による $T(\mathfrak{g})$ の商環として

$$\mathcal{U}(\mathfrak{g}) = T(\mathfrak{g})/\mathcal{I}$$

と定義する.$\mathcal{U}(\mathfrak{g})$ は $\mathfrak{g}$ の**普遍包絡環**(universal enveloping algebra),あるいは**展開環**と呼ばれる結合的代数である.次のポアンカレ-バーコフ-ヴィット(Poincaré-Birkhoff-Witt)の定理は,$\mathcal{U}(\mathfrak{g})$ の基底についての基本的定理である.証明は省くが,納得しやすい内容であろう.

定理 3.2 $x_1, \ldots, x_n$ を $\mathfrak{g}$ の基底とするとき

$$x_1^{i_1} x_2^{i_2} \cdots x_n^{i_n} \qquad (i_r \in \mathbb{Z}_{\geq 0})$$

は,$\mathcal{U}(\mathfrak{g})$ の基底をなす. □

$\mathfrak{g}$ が可換のときは $x_i x_j = x_j x_i$ なので,展開環 $\mathcal{U}(\mathfrak{g})$ は n 変数の多項式環 $\mathbb{C}[x_1, \ldots, x_n]$ に同型である.一般に,$\mathcal{U}(\mathfrak{g})$ においては

$$x_i x_j - x_j x_i = [x_i, x_j]$$

が成り立っている．したがって，$\mathcal{U}(\mathfrak{g})$ は一種の非可換な多項式環と思うことができる．

展開環 $\mathcal{U}(\mathfrak{g})$ は，このように $\mathfrak{g}$ の $[\,,\,]$ を"展開"して使えるので都合がよい．実際，$\mathfrak{g}$ 加群 V は自然に $\mathcal{U}(\mathfrak{g})$ 加群とみなされるし，逆に $\mathcal{U}(\mathfrak{g})$ 加群 V は $\mathcal{U}(\mathfrak{g})$ を $\mathfrak{g}$ に制限することで $\mathfrak{g}$ 加群を定義する．したがって，$\mathfrak{g}$ 加群と $\mathcal{U}(\mathfrak{g})$ 加群を記号の区別なく用いることにする．

いよいよ，カシミール元を定義するときがきた．カシミール元は半単純リー環 $\mathfrak{g}$ に対して定義される $\mathcal{U}(\mathfrak{g})$ の 2 次の元である．定義をするために，次の半単純性のカルタンによる判定条件を引用しておこう．

補題 3.3 リー環 $\mathfrak{g}$ が半単純であるためには，キリング形式 B が非退化であることが必要十分条件である．

[証明] たとえば松島『リー環論』[35] を見よ． ∎

$\mathfrak{g}$ を $\mathbb{R}$ または $\mathbb{C}$ 上の半単純リー環とし，B を $\mathfrak{g}$ のキリング形式とする．B は非退化対称な $\mathfrak{g}$ 上の双線型形式である．$\{X_1,\ldots,X_n\}$ を $\mathfrak{g}$ の基底とすると，$\{B(X_i,X_j)\}$ は正則である．$\{\pi_{ij}\}$ を $\{B(X_i,X_j)\}$ の逆行列とすると，$B(X_i,X_j)=B(X_j,X_i)$ より，$\pi_{ij}=\pi_{ji}$ である．$\mathfrak{g}_\mathbb{C}=\mathfrak{g}\otimes_\mathbb{R}\mathbb{C}$ を $\mathfrak{g}$ の複素化とする．$\mathfrak{g}$ が $\mathbb{C}$ 上のリー環のときは $\mathfrak{g}_\mathbb{C}=\mathfrak{g}$ である．いま $\mathfrak{g}_\mathbb{C}$ の展開環 $\mathcal{U}(\mathfrak{g}_\mathbb{C})$（これを $\mathcal{U}(\mathfrak{g})$ と書いたりもする）の元 $\mathcal{C}=\mathcal{C}_\mathfrak{g}$ を

$$\mathcal{C}=\sum_{i,j=1}^{n}\pi_{ij}X_iX_j$$

と定義し，$\mathfrak{g}$ の**カシミール元**と呼ぶ．さらに，(ρ,V) を $\mathfrak{g}$ の表現としたとき，

$$\rho(\mathcal{C})=\sum_{i,j=1}^{n}\pi_{ij}\rho(X_i)\rho(X_j)\in\mathrm{End}_\mathbb{C}(V)$$

を表現 (ρ,V) のカシミール作用素という．

補題 3.4 カシミール元 $\mathcal{C}$ は，$\mathfrak{g}$ の基底の取り方によらずに定まる．

[証明] $Y_i=\sum_{j=1}^{n}\pi_{ij}X_j$ とおくと，$\{Y_1,\ldots,Y_n\}$ も $\mathfrak{g}$ の基底である．しかも，

$$\sum_{j=1}^{n}B(X_i,X_j)\pi_{jk}=\delta_{ik}\quad\text{かつ}\quad \pi_{jk}=\pi_{kj}$$

だから，$B(X_i, Y_k) = \delta_{ik}$ $(i, k = 1, 2, \ldots, n)$ である．よって $\mathcal{C} = \sum_{i=1}^{n} X_i Y_i$ が成り立つ．

いま，$\{X'_1, \ldots, X'_n\}$ を別の基底とし，$Y'_i = \sum_{j=1}^{n} \tilde{\pi}_{ij} X'_j$ とおく．ただし，$\tilde{\pi}_{ij}$ は，$\{B(X'_i, X'_j)\}$ の逆行列である．$\mathcal{C}'$ を基底 $\{X'_i\}$ から定義されたカシミール元とすれば，$B(X'_i, Y'_j) = \delta_{ij}$ だから，$\mathcal{C}' = \sum_i X'_i Y'_i$ が成立している．$X'_i = \sum_j a_{ij} X_j$, $Y'_i = \sum_j b_{ij} X_j$ とおくと，

$$\delta_{ik} = B(X'_i, Y'_k) = \sum_{s,t} a_{is} b_{kt} B(X_s, Y_t) = \sum_{s=1}^{n} a_{is} b_{ks}$$

である．つまり，$A = (a_{ij})$, $B = (b_{ij})$ とおくと，$A {}^t B = I_n$．したがって，${}^t B A = I_n$，すなわち $\sum_i b_{it} a_{is} = \delta_{ts}$ でもある．

よって，

$$\mathcal{C}' = \sum_i \sum_{s,t} a_{is} b_{it} X_s Y_t = \sum_{s,t} \delta_{ts} X_s Y_t = \sum_s X_s Y_s = \mathcal{C}$$

となり，主張が示された． ∎

$\mathcal{ZU}(\mathfrak{g})$ で $\mathcal{U}(\mathfrak{g})$ の中心を表す．

定理 3.5 $\mathcal{C} \in \mathcal{ZU}(\mathfrak{g})$，すなわち，すべての $X \in \mathfrak{g}$ に対して $\mathcal{C}X = X\mathcal{C}$ が成り立つ．

[証明] 補題3.4のように $\mathfrak{g}$ の基底 $\{X_i\}$ と $\{Y_i\}$ をとると，

$$\mathcal{C}X = \sum_i X_i Y_i X$$
$$= \sum_i X_i([Y_i, X] + X Y_i)$$
$$= \sum_i X_i [Y_i, X] + \sum_i [X_i, X] Y_i + \sum_i X X_i Y_i.$$

よって，$\mathcal{C}X = X\mathcal{C}$ を示すには，次を示せばよい．

$$\sum_i X_i [Y_i, X] + \sum_i [X_i, X] Y_i = 0.$$

そこで，$[Y_i, X] = \sum_j a_{ij} Y_j$, $[X_i, X] = \sum_j b_{ij} X_j$ とおく．

$B([X_i,X],Y_k)+B(X_i,[Y_k,X])=0$ だから,
$$\sum_t b_{it}\delta_{tk}+\sum_t a_{kt}\delta_{ti}=0,$$
つまり $b_{ik}+a_{ki}=0$ である．したがって,
$$\sum_i X_i[Y_i,X]+\sum_i [X_i,X]Y_i = \sum_{i,t} a_{it}X_iY_t+\sum_{i,t} b_{it}X_tY_i$$
$$= \sum_{i,t}(a_{it}+b_{ti})X_iY_t=0.$$
よって, $\mathcal{C}X=X\mathcal{C}$ が示された． ∎

$\mathfrak{sl}_2(\mathbb{R})$（あるいは $\mathfrak{sl}_2(\mathbb{C})$）のカシミール元 $\mathcal{C}_{\mathfrak{sl}_2}$ を計算するために，まず，キリング形式 $B(X,Y)=\operatorname{tr}(\operatorname{ad}(X)\operatorname{ad}(Y))$ に関する $\{H,E,F\}$ の双対基底を求めよう．そのために次を見ておこう．

(▲) $$B(X,Y)=4\operatorname{tr}(XY).$$
まず,
$$[H,xE+yH+zF]=2xE-2zF \quad (x,y,z\in\mathbb{R})$$
だから，基底 $\{E,H,F\}$ に関して $\operatorname{ad}(H)$ を行列表示すると,
$$\operatorname{ad}(H)=\begin{pmatrix}2 & 0 & 0\\ 0 & 0 & 0\\ 0 & 0 & -2\end{pmatrix}.$$
同じく $\operatorname{ad}(E),\operatorname{ad}(F)$ も行列表示すれば，次のようになる．
$$\operatorname{ad}(E)=\begin{pmatrix}0 & -2 & 0\\ 0 & 0 & 1\\ 0 & 0 & 0\end{pmatrix},\quad \operatorname{ad}(F)=\begin{pmatrix}0 & 0 & 0\\ -1 & 0 & 0\\ 0 & 2 & 0\end{pmatrix}.$$
したがって，$X=xE+yH+zF$ に対して
$$\operatorname{ad}(X)=\begin{pmatrix}2y & -2x & 0\\ -z & 0 & x\\ 0 & 2z & -2y\end{pmatrix}$$

である．よって，$X' = x'E + y'H + z'F$ とすると

$$B(X, X') = \mathrm{tr}\left(\begin{pmatrix} 2y & -2x & 0 \\ -z & 0 & x \\ 0 & 2z & -2y \end{pmatrix} \begin{pmatrix} 2y' & -2x' & 0 \\ -z' & 0 & x' \\ 0 & 2z' & -2y' \end{pmatrix}\right)$$

$$= 4(2yy' + xz' + zx').$$

いま，先の約束によって

$$H = \begin{pmatrix} 1 & 0 \\ 0 & -1 \end{pmatrix}, \quad E = \begin{pmatrix} 0 & 1 \\ 0 & 0 \end{pmatrix}, \quad F = \begin{pmatrix} 0 & 0 \\ 1 & 0 \end{pmatrix}$$

と思っているので，

$$X = \begin{pmatrix} y & x \\ z & y \end{pmatrix}, \quad X' = \begin{pmatrix} y' & x' \\ z' & -y' \end{pmatrix}$$

であるから

$$\mathrm{tr}\, XX' = 2yy' + xz' + zx'$$

である．これで (▲) が示された．

(▲) によって，$B(H, H) = 8$, $B(H, E) = B(H, F) = 0$, $B(E, F) = 4$, $B(E, E) = B(F, F) = 0$ がわかる．したがって，B が非退化であることも確かめられる．定義から，カシミール元は

$$\frac{1}{8} H \cdot H + \frac{1}{4} E \cdot F + \frac{1}{4} F \cdot E \in \mathcal{ZU}(\mathfrak{sl}_2(\mathbb{C}))$$

となる．共通の因子 $\frac{1}{4}$ をくくり出して，以後，$\mathfrak{sl}_2(\mathbb{R})$ のカシミール元 $\mathcal{C}_{\mathfrak{sl}_2}$ を

$$\mathcal{C}_{\mathfrak{sl}_2} = \frac{1}{2} H^2 + EF + FE$$

と定める．$\mathcal{C}_{\mathfrak{sl}_2}$ は，交換関係 $[E, F] = EF - FE = H$ を使うと

$$\mathcal{C}_{\mathfrak{sl}_2} = \frac{1}{2} H^2 - H + 2EF = \frac{1}{2} H^2 + H + 2FE$$

とも表される．このような異なる表示は，見た目のみならず実際の計算にも役立つ．

さて，W を V の部分空間とするとき，すべての $X \in \mathfrak{g}$ について W が $\rho(X)$ 不変のとき，すなわち $\rho(X)W \subset W$ が成り立つとき，W を $\mathfrak{g}$ 不変部分空間（あるいは $\mathfrak{g}$ 部分加群）という．このとき ρ の W への制限 $(\rho|_W, W)$ は (ρ, V) の**部分表現**を定める．V 自身および $\{0\}$ は明らかに $\mathfrak{g}$ 不変である．$\mathfrak{g}$ 不変部分空間 W が W 自身および $\{0\}$ 以外に $\mathfrak{g}$ 不変部分空間を含まないとき，W を**既約**な $\mathfrak{g}$ 不変部分空間（あるいは既約部分加群）とよぶ．V 自身が既約のとき，表現 (V, ρ) は既約であるという．既約でないとき，**可約**という．さらに，V が既約部分空間 $W_1, W_2, \ldots, W_m$ の直和となる場合，(V, ρ) は**完全可約**であるという．$\mathcal{U}(\mathfrak{g})$ 加群についても同じ用語を用いる．定義から，$\mathfrak{g}$ 加群 V に対して，V が $\mathcal{U}(\mathfrak{g})$ 加群として既約であることと $\mathfrak{g}$ 加群として既約なことは同値である．

$\mathcal{U}(\mathfrak{g})$ の中心 $\mathcal{ZU}(\mathfrak{g})$ の元，とくにカシミール元 $\mathcal{C}$ の重要性は，次に示す事実にある．

定理 3.6（シューアの補題） (V, ρ) を $\mathfrak{g}$ の有限次元既約表現とする．このとき，$\rho(\mathcal{C})$ は，スカラー作用素である．

［証明］ $\rho(\mathcal{C}) \in \mathrm{End}_{\mathbb{C}}(V)$ は少なくとも 1 つは固有値をもつので，それを λ とする．つまり，$v(\neq 0) \in V$ が存在して，
$$\rho(\mathcal{C})v = \lambda v$$
が成り立つ．$\mathcal{C} \in \mathcal{ZU}(\mathfrak{g})$ より $[\rho(\mathcal{C}), \rho(X)] = 0$ が任意の X に対して成立するから，
$$\rho(\mathcal{C})\rho(X)v = \rho(X)\rho(\mathcal{C})v = \lambda \rho(X)v \quad (\forall X \in \mathfrak{g})$$
である．ところが $\{\rho(X)v \mid X \in \mathcal{U}(\mathfrak{g})\}$ は，$\{0\}$ でない V の不変部分空間だから，V の既約性より V に一致しなければならない．よって $\rho(\mathcal{C}) = \lambda I_V$ となる． ∎

注意 3.1 証明から次が容易にわかる．同じ仮定の下で，$\rho(\mathcal{C})$ に限らず，すべての $\rho(X)$ と可換な $\mathrm{End}(V)$ の元はスカラー作用素に限る．とくに，$Z \in \mathcal{ZU}(\mathfrak{g})$ ならば $\rho(Z)$ はスカラー作用素である．

カシミールは，ファン・デル・ヴェルデンとの共同でこのカシミール元を用いて半単純リー環の有限次元表現の完全可約性を証明した．これは，重大な事実である．というのも，完全可約であることがわかっていれば，有限次元表現を調べるには，それを既約(素)なものに分解したうえで，それぞれの既約成分である既約表現について調べればよいからである．行列の群ならどのような群の有限次元表現も完全可約であるというのはウソである．たとえば，次の問を考えてみよ．

問 3.2 群 $N = \left\{\begin{pmatrix} 1 & x \\ 0 & 1 \end{pmatrix} \,\middle|\, x \in \mathbb{C}\right\}$, $\rho\left(\begin{pmatrix} 1 & x \\ 0 & 1 \end{pmatrix}\right)\begin{pmatrix} u \\ v \end{pmatrix} = \begin{pmatrix} u + xv \\ v \end{pmatrix}$ とおくと，$\rho : N \to GL_2(\mathbb{C})$ は N の 2 次元表現である．これが完全可約でないことを示せ．ここで $GL_2(\mathbb{C})$ は 2 次の複素正則行列全体のなす群を表す．

3.3 ヴェイユ表現と調和振動子

前節ではリー環の有限次元表現しか扱わなかったが，ここではヴェイユ表現といわれる $\mathfrak{sl}_2(\mathbb{R})$ の無限次元の表現を考えよう．この表現は次節以降の話にも，強く関連する．

$V = \mathbb{C}[x]$ とし，線型写像 $\omega : \mathfrak{sl}_2(\mathbb{R}) \to \mathrm{End}_{\mathbb{C}}(V)$ を
$$\omega(E) = \frac{x^2}{2}, \quad \omega(F) = -\frac{\partial^2}{2}, \quad \omega(H) = x\partial + \frac{1}{2}$$
で定める．ただし，$\partial = \dfrac{d}{dx}$ であり，x は V に多項式の掛け算作用素として作用する．

∂ と x の交換子 $[\partial, x] = \partial x - x\partial$ は，積の微分の公式(ライプニッツ則)により
$$[\partial, x] = 1$$
であることがわかる．実際これは，$P(x) \in \mathbb{C}[x]$ に対して
$$[\partial, x]P(x) = \partial(xP(x)) - x\partial P(x)$$
$$= P(x) + xP'(x) - xP'(x) = P(x)$$
であるから明らか．また，交換子に関しては，一般に

3.3 ヴェイユ表現と調和振動子

$$[\alpha\beta,\gamma] = \alpha[\beta,\gamma] + [\alpha,\gamma]\beta$$
$$[\alpha,\beta\gamma] = [\alpha,\beta]\gamma + \beta[\alpha,\gamma]$$

が成り立つから，$[\partial, x] = 1$ を用いると，

$$\begin{aligned}
[\partial^2, x^2] &= \partial[\partial, x^2] + [\partial, x^2]\partial \\
&= \partial([\partial, x]x + x[\partial, x]) + ([\partial, x]x + x[\partial, x])\partial \\
&= 2\partial x + 2x\partial \\
&= 2([\partial, x] + x\partial) + 2x\partial \\
&= 4x\partial + 2
\end{aligned}$$

となる．したがって，$\left[\dfrac{x^2}{2}, -\dfrac{\partial^2}{2}\right] = x\partial + \dfrac{1}{2}$ となるから，

$$[\omega(E), \omega(F)] = \omega(H) = \omega([E, F])$$

がわかる．同様の計算を実行すると，

$$[\omega(H), \omega(E)] = 2\omega(E), \qquad [\omega(H), \omega(F)] = -2\omega(F)$$

も容易に確かめられるから，たしかに $(\omega, \mathbb{C}[x])$ は $\mathfrak{sl}_2(\mathbb{R})$ の表現を定めている．

$\mathbb{C}[x]$ の基底として，$\{1, x, x^2, x^3, \dots\}$ が取れるから $(\omega, \mathbb{C}[x])$ は，無限次元表現である．無限次元表現 $(\omega, \mathbb{C}[x])$ を $\mathfrak{sl}_2(\mathbb{R})$ の**ヴェイユ表現**という．

注意 3.2 ヴェイユ表現は，本来，リー群 $SL_2(\mathbb{R})$ の 2 重被覆群 $\widetilde{SL}_2(\mathbb{R})$ の表現として定義されるものであるが，ここではその無限小版にあたるリー環 $\mathfrak{sl}_2(\mathbb{R})$ の表現もヴェイユ表現とよぶ．

$n \in \mathbb{Z}_{\geq 0}$ に対して，$\mathbb{C}[x]$ の 1 次元部分空間 $V(n)$ を $V(n) = \mathbb{C}x^n$ と定めると，

$$\omega(H)x^n = \left(n + \frac{1}{2}\right)x^n, \quad \omega(E)x^n = \frac{1}{2}x^{n+2}, \quad \omega(F)x^n = -\frac{n(n-1)}{2}x^{n-2}$$

だから，

$$V(n) \xrightarrow{\omega(H)} V(n), \quad V(n) \underset{\omega(F)}{\overset{\omega(E)}{\rightleftarrows}} V(n+2)$$

がわかる．つまり，

$$\{0\} \underset{\omega(F)}{\longleftarrow} V(0) \underset{\omega(F)}{\overset{\omega(E)}{\rightleftarrows}} V(2) \underset{\omega(F)}{\overset{\omega(E)}{\rightleftarrows}} V(4) \underset{\omega(F)}{\overset{\omega(E)}{\rightleftarrows}} V(6) \underset{\omega(F)}{\overset{\omega(E)}{\rightleftarrows}} \cdots$$

である.

$$\{0\} \xleftarrow{\omega(F)} V(1) \underset{\omega(F)}{\overset{\omega(E)}{\rightleftarrows}} V(3) \underset{\omega(F)}{\overset{\omega(E)}{\rightleftarrows}} V(5) \underset{\omega(F)}{\overset{\omega(E)}{\rightleftarrows}} V(7) \underset{\omega(F)}{\overset{\omega(E)}{\rightleftarrows}} \cdots$$

である.$\mathbb{C}[x]^+$, $\mathbb{C}[x]^-$ をそれぞれ偶数次,奇数次の多項式の全体がなす $\mathbb{C}[x]$ の部分空間とすると,

$$\mathbb{C}[x]^+ = V(0) \oplus V(2) \oplus V(4) \oplus \cdots = \bigoplus_{m=0}^{\infty} V(2m)$$

$$\mathbb{C}[x]^- = V(1) \oplus V(3) \oplus V(5) \oplus \cdots = \bigoplus_{m=0}^{\infty} V(2m+1)$$

である.上の生成・消滅の過程により $\mathbb{C}[x]^+$, $\mathbb{C}[x]^-$ は $\mathfrak{sl}_2(\mathbb{R})$ の表現として既約であることが証明できる.実際,たとえば $\mathbb{C}[x]^+$ が既約であることを見てみよう.$\{0\}$ でない $\mathbb{C}[x]^+$ の不変部分空間を W とし,W に属する零でない多項式 $P(x)$ をとる.いま,$P(x)$ を $2m$ 次とし,

$$P(x) = a_{2m}x^{2m} + a_{2m-2}x^{2m-2} + \cdots + a_0 \quad (a_{2m} \neq 0)$$

とすると,

$$W \ni \omega(F)^m P(x) = \left(-\frac{1}{2}\right)^m (2m)! a_{2m} \neq 0$$

であるから,$V(0) \subset W$.よって,任意の $n \in \mathbb{Z}_{\geq 0}$ に対して,

$$V(2n) = \omega(E)^n V(0) \subset W$$

となることから $W = \mathbb{C}[x]^+$ がわかり,$\mathbb{C}[x]^+$ の既約性が証明された.

明らかに $\mathbb{C}[x] = \mathbb{C}[x]^+ \oplus \mathbb{C}[x]^-$ であるので,$\mathbb{C}[x]$ は完全可約であるが既約ではない.

$\omega(\mathcal{C}_{\mathfrak{sl}_2})$ は,$\mathbb{C}[x]^+$, $\mathbb{C}[x]^-$ 上それぞれスカラーで作用する.そのスカラーは,どのベクトルに作用させて計算してもよいのだから,$\omega(F)1 = \omega(F)x = 0$ であることと,$\omega(\mathcal{C}_{\mathfrak{sl}_2})$ の表示

$$\omega(\mathcal{C}_{\mathfrak{sl}_2}) = \frac{1}{2}\omega(H)^2 - \omega(H) + 2\omega(E)\omega(F)$$

を利用すると,

$$\omega(\mathcal{C}_{\mathfrak{sl}_2})\big|_{\mathbb{C}[x]^+} = \omega(\mathcal{C}_{\mathfrak{sl}_2}) \cdot 1 = \frac{1}{2}\left(\frac{1}{2}\right)^2 - \frac{1}{2} = -\frac{3}{8},$$

3.3 ヴェイユ表現と調和振動子　55

$$\omega(\mathcal{C}_{\mathfrak{sl}_2})|_{\mathbb{C}[x]^-} = \omega(\mathcal{C}_{\mathfrak{sl}_2}) \cdot x = \frac{1}{2}\left(1+\frac{1}{2}\right)^2 x - \left(1+\frac{1}{2}\right)x = -\frac{3}{8}x$$

となり，ともに $-\frac{3}{8}$ であることがわかる．このことから，カシミール作用素は既約表現の上でスカラーとなるが，そのスカラーだけでは一般には既約表現を区別できないことがわかる．そうは言っても，かなりの区別をしてくれる点がとてもありがたいのである．

　$V(n) = \mathbb{C}x^n$ は，$\omega(H)$ の固有値 $n+\frac{1}{2}$ に対する固有空間である．このことを，$V(n)$ は ($\mathfrak{sl}_2(\mathbb{R})$ の極大可換部分環) $\mathbb{R}H$ に関する**ウェイト**が $n+\frac{1}{2}$ の空間であるという．$1 \in V(0)$ は $\omega(F) \cdot 1 = 0$ (F で消される)となるので，先に見たように最低のウェイト $\frac{1}{2}$ をもち，既約表現 $\mathbb{C}[x]^+$ の**最低ウェイトベクトル**と呼ばれる．最低ウェイトベクトルは，いわば系の基底状態を表している．同様に，$x \in V(1)$ は，$\mathbb{C}[x]^-$ における最低ウェイトベクトルである．

　さて，次にヴェイユ表現 ω のテンソル積表現と呼ばれるものを考えよう．そのために，表現のテンソル積について一般的に定義しておく．

　$(\pi_1, V_1), (\pi_2, V_2), \ldots, (\pi_m, V_m)$ を $\mathfrak{g}$ の m 個の表現とする．$V = V_1 \otimes V_2 \otimes \cdots \otimes V_m$ とし，V における $\mathfrak{g}$ の表現 π を次で定める．

$$\pi(X)(v_1 \otimes v_2 \otimes \cdots \otimes v_m) = \sum_{i=1}^{m} v_1 \otimes \cdots \otimes \pi_i(X)v_i \otimes \cdots \otimes v_m.$$

つまり，$\pi(X)$ は "積の微分(ライプニッツ則)" のように作用する．このように定義された $\mathfrak{g}$ の表現 (π, V) を $(\pi_1, V_1), (\pi_2, V_2), \ldots, (\pi_m, V_m)$ の**テンソル積表現**といい，$(\pi_1 \otimes \cdots \otimes \pi_m, V_1 \otimes \cdots \otimes V_m)$ で表す．

　$(\omega, \mathbb{C}[x])$ の n 個のテンソル積表現

$$(\omega^{\otimes n}, \mathbb{C}[x]^{\otimes n}) = (\omega \otimes \cdots \otimes \omega, \mathbb{C}[x] \otimes \cdots \otimes \mathbb{C}[x])$$

を考える．自然な同一視

$$\mathbb{C}[x]^{\otimes n} = \mathbb{C}[x_1] \otimes \cdots \otimes \mathbb{C}[x_n] \simeq \quad \mathbb{C}[x_1, \ldots, x_n]$$
$$\cup \qquad\qquad\qquad \cup$$
$$f_1(x_1) \otimes \cdots \otimes f_n(x_n) \quad \longmapsto f_1(x_1)f_2(x_2)\cdots f_n(x_n)$$

のもとに作用を書き下すと，

$$\omega^{\otimes n}(X)(f_1(x_1) \otimes \cdots \otimes f_n(x_n))$$
$$= \sum_{i=1}^n f_1(x_1) \otimes \cdots \otimes \omega(X) f_i(x_i) \otimes \cdots \otimes f_n(x_n)$$

となる．たとえば $\omega^{\otimes n}(F)$ について見てみると，

$$\omega^{\otimes n}(F)(f_1(x_1)\cdots f_n(x_n)) = \sum_{i=1}^n f_1(x_1)\cdots \left(-\frac{\partial_i^2}{2} f_i(x_i)\right)\cdots f_n(x_n)$$
$$= -\frac{1}{2}\sum_{i=1}^n \partial_i^2 f_1(x_1)\cdots f_n(x_n)$$

である．ただし，$\partial_i = \dfrac{\partial}{\partial x_i}$ とおいた．このことから，

$$\omega^{\otimes n}(F) = -\frac{1}{2}\Delta \quad \left(\Delta := \frac{\partial^2}{\partial x_1^2} + \cdots + \frac{\partial^2}{\partial x_n^2}\ \text{はラプラシアン}\right)$$

であることがわかる．同様にして，容易に以下も確かめられる．

$$\omega^{\otimes n}(E) = \frac{1}{2}r^2 \quad \left(r^2 := x_1^2 + \cdots + x_n^2\right),$$
$$\omega^{\otimes n}(H) = \sum_{i=1}^n x_i \partial_i + \frac{n}{2} = r\frac{\partial}{\partial r} + \frac{n}{2}.$$

以下では，

$$\mathcal{E} = \sum_{i=1}^n x_i \partial_i$$

とおく．$\mathcal{E}$ をオイラー(の次数)作用素という．

さて，水素原子を取り扱う際にあらわれるシュレディンガー方程式を解くときの練習問題にあたる，いわゆる 1 次元の調和振動子の場合を例にとってエネルギーのスペクトルを求めてみよう．ただし，ここでは実際の物理の議論をするわけではない．

調和振動子のエネルギースペクトルを求めるには，"空間座標" x だけの関数 $\psi(x)$ に対する方程式

$$\left(-\frac{\hbar^2}{2m}\frac{d^2}{dx^2} + \frac{m\omega^2 x^2}{2}\right)\psi(x) = E\psi(x)$$

が成立するようなエネルギー E の値を求めればよい. ここで, $\hbar$ はプランク定数 h を 2π で割った数, m は粒子の質量, ω は角振動数と呼ばれるものである. 数学的には, 微分作用素

$$L := -\partial^2 + x^2 \quad \left(\partial := \frac{d}{dx}\right)$$

のスペクトルを求めることになる.

いま, 先ほど扱ったヴェイユ表現を思い出してみよう.
$$L = 2(\omega(E) + \omega(F)) = 2\omega(E+F)$$
であり, $\omega(H)$ の固有値が $N + \frac{1}{2}$ ($N \in \mathbb{Z}_{\geq 0}$) の形であったので, H と $E+F$ の "関係" を明らかにすれば L の固有値が求められる. そのため, ヴェイユ表現を振動表現と呼ぶこともある. これを少し詳しく見てみよう.

補題 3.7

$$k = \begin{pmatrix} 0 & 1 \\ 1 & 0 \end{pmatrix} = E + F,$$

$$X^- = \frac{1}{2}\begin{pmatrix} 1 & 1 \\ -1 & -1 \end{pmatrix} = \frac{1}{2}(H + E - F),$$

$$X^+ = \frac{1}{2}\begin{pmatrix} 1 & -1 \\ 1 & -1 \end{pmatrix} = \frac{1}{2}(H - E + F)$$

とおくと, $[k, X^+] = 2X^+$, $[k, X^-] = -2X^-$, $[X^+, X^-] = k$ であり,

$$\omega(k) = \frac{1}{2}L = \frac{1}{2}(-\partial^2 + x^2),$$

$$\omega(X^-) = \frac{1}{4}(x+\partial)^2,$$

$$\omega(X^+) = -\frac{1}{4}(x-\partial)^2$$

である. とくに

$$[\omega(k), \omega(X^+)] = 2\omega(X^+),$$
$$[\omega(k), \omega(X^-)] = -2\omega(X^-),$$
$$[\omega(X^+), \omega(X^-)] = \omega(k)$$

が成り立つ.

[証明] $C = \dfrac{1}{\sqrt{2}}\begin{pmatrix} 1 & 1 \\ -1 & 1 \end{pmatrix}$ とおくと $C^{-1} = \dfrac{1}{\sqrt{2}}\begin{pmatrix} 1 & -1 \\ 1 & 1 \end{pmatrix}$ であり, 簡単な計算から次がわかる.

$$CHC^{-1} = -k, \quad CEC^{-1} = X^{-}, \quad CFC^{-1} = X^{+}.$$

よって前半は明らか. また, $\mathrm{Ad}(C)$ を $\mathrm{Ad}(C)X = CXC^{-1}$ ($X \in \mathfrak{sl}_2(\mathbb{R})$) とおくと, $\mathrm{Ad}(C) \in \mathrm{Aut}(\mathfrak{sl}_2(\mathbb{R}))$ だから後半がいえる. ∎

この補題 3.7 によって, L のスペクトルが求められる. 少し記法を改めてスペクトルを求めよう.

2 つの作用素 $a, a^{\dagger}$ を

$$a = x + \partial, \quad a^{\dagger} = x - \partial$$

で定める. $a^{\dagger}$ は, $\mathbb{R}$ 上の(ルベーグ測度に関し)2 乗可積分な関数たちがなすヒルベルト空間 $L^2(\mathbb{R})$ の内積

$$(\varphi, \psi) = \int_{\mathbb{R}} \varphi(x)\overline{\psi(x)}dx$$

に関する a の共役作用素である. つまり, φ, ψ を具合の良い関数とすると,

$$(a\varphi, \psi) = (\varphi, a^{\dagger}\psi)$$

が成り立つ. $a, a^{\dagger}$ を用いて $\omega(k), \omega(X^{+}), \omega(X^{-})$ を表すと

$$\omega(k) = \frac{1}{4}(aa^{\dagger} + a^{\dagger}a), \quad \omega(X^{+}) = -\frac{1}{4}a^{\dagger 2}, \quad \omega(X^{-}) = \frac{1}{4}a^2$$

であることは容易に確かめられる.

補題 3.8 ベクトル v_0 を $v_0 = e^{-x^2/2} \in L^2(\mathbb{R})$ と定める. $j \in \mathbb{Z}_{\geq 0}$ に対して, v_j を $v_j = (a^{\dagger})^j v_0$ と定義する. このとき次が成り立つ:

$$av_j = 2jv_{j-1}.$$

[証明] $[\partial, x] = 1$ より $[a, a^{\dagger}] = 2$ であるから, 第 2 章の補題 2.1 とまったく同様にして

$$(*) \qquad\qquad [a, (a^{\dagger})^j] = 2j(a^{\dagger})^{j-1} \qquad (j \in \mathbb{Z}_{\geq 0})$$

が示される.

一般に, $j \geq 1$ とすると,

3.3 ヴェイユ表現と調和振動子 59

$$a(a^\dagger)^j v_0 = ([a,(a^\dagger)^j] + (a^\dagger)^j a)v_0$$

と書けている．そこで $j \geq 1$ とすると，$av_0 = 0$ であることと上の関係式 (*) により

$$av_j = 2j(a^\dagger)^{j-1}v_0 = 2jv_{j-1}$$

が得られる． ∎

問 3.3 $a^\dagger$ が a の共役であることを用いて，$\varphi_j := \dfrac{1}{\sqrt{2^j j! \sqrt{\pi}}} v_j \in L^2(\mathbb{R})$ が $(\varphi_j, \varphi_k) = \delta_{jk}$ を満たすことを示せ(直交性)．

問 3.4 $P_j(x) = (-1)^j e^{x^2} \left(\dfrac{d}{dx}\right)^j e^{-x^2}$ とおくと $v_j = P_j(x)e^{-x^2/2}$ と書けることを示せ．$P_j(x)$ は多項式である(ヒント：$a^\dagger(\varphi) = -e^{x^2/2}\dfrac{d}{dx}(e^{-x^2/2}\varphi)$ を用いる)．$P_j(x)$ を**エルミート多項式**という．

以上2つの問で述べた事実により，$\{\varphi_j\}_{j \geq 0}$ が $L^2(\mathbb{R})$ の基底を成すことが証明される．ところで，L の表示

$$L = \frac{1}{2}(aa^\dagger + a^\dagger a)$$

を使うと，

$$Lv_j = \frac{1}{2}(aa^\dagger v_j + a^\dagger a v_j)$$
$$= \frac{1}{2}(av_{j+1} + a^\dagger(2jv_{j-1}))$$
$$= \frac{1}{2}(2j + 2 + 2j)v_j$$
$$= (2j+1)v_j$$

と計算できる．したがって，φ_j は L の固有値(スペクトル) $2j+1$ の固有関数でもある．よって，L のスペクトルは $\{2j+1\}_{j \in \mathbb{Z}_{\geq 0}}$ であることがわかった．一般に，固有値が $\{\lambda_j\}_{j=0,1,2,\ldots}$ である作用素 L に対して，L のスペクトルのゼータ関数 $\zeta_L(s)$ を次で定義する：

$$\zeta_L(s) = \sum_{j \geq 0} \frac{1}{\lambda_j^s}.$$

いま，$L = -\partial^2 + x^2$ のスペクトルのゼータ関数 $\zeta_L(s)$ を計算してみよう．

定義から
$$\zeta_L(s) = \sum_{j\geq 0} \frac{1}{(2j+1)^s}$$
である．そこで，リーマンゼータ $\zeta(s)$ を用いると，
$$\zeta_L(s) = \sum_{n=1}^{\infty} \frac{1}{n^s} - \sum_{n=1}^{\infty} \frac{1}{(2n)^s}$$
$$= \zeta(s) - \frac{1}{2^s}\zeta(s)$$
$$= (1 - 2^{-s})\zeta(s)$$
と書ける．

さて，一般の n に対して，
$$L = L^{(n)} = -\Delta + r^2$$
とおく．ただし，
$$\Delta = \frac{\partial^2}{\partial x_1^2} + \cdots + \frac{\partial^2}{\partial x_n^2}, \quad r^2 = x_1^2 + \cdots + x_n^2$$
である．$L^{(n)}$ のスペクトルとそのゼータを計算してみよう．

$L^{(1)} = 2\omega(E+F)$ であったので，先の議論と同じようにテンソル積表現を考えて，
$$L^{(n)} = 2\omega^{\otimes n}(E+F)$$
であることがわかる．したがって固有関数（固有ベクトル）は
$$v_{\beta_1} \otimes v_{\beta_2} \otimes \cdots \otimes v_{\beta_n}$$
の形(の1次結合)をしており，その固有値は，
$$\sum_{i=1}^n (2\beta_i + 1)$$
である．よっていま $N = \sum_{i=1}^n \beta_i$ とおくと，$L^{(n)}$ の固有値 $2N+n$ に属する固有関数は，
$$\sum_{\substack{\beta_1+\cdots+\beta_n=N \\ \beta_i \geq 0}} a^{\beta_1\cdots\beta_n} v_{\beta_1} \otimes \cdots \otimes v_{\beta_n} \quad (a^{\beta_1\cdots\beta_n} \in \mathbb{C})$$

で与えられることがわかる．そこで，固有値 $2N+n$ の重複度($=$ 固有関数の空間の次元)を $m_n(N)$ と表すと，
$$m_n(N) = \#\{(\beta_1, \ldots, \beta_n) \in \mathbb{Z}_{\geq 0}^n \mid \beta_1 + \cdots + \beta_n = N\}$$
である．これは，N 個から重複を許して n 個を選ぶ組合せの数に等しいから，
$$m_n(N) = {}_nH_N = \binom{N+n-1}{N}$$
である．たとえば，$m_1(N) = 1, m_2(N) = N+1, m_3(N) = \dfrac{1}{2}(N+1)(N+2)$, ... である．よって，$L^{(n)}$ のスペクトルのゼータ関数は
$$\zeta_{L^{(n)}}(s) = \sum_{N=0}^{\infty} \frac{{}_nH_N}{(2N+n)^s}$$
となる．

例 3.6 $n=2$ のときは，
$$\zeta_{L^{(2)}}(s) = \sum_{N=0}^{\infty} \frac{N+1}{(2N+2)^s} = \frac{1}{2^s} \sum_{N=0}^{\infty} \frac{1}{(N+1)^{s-1}} = 2^{-s}\zeta(s-1)$$
である．

問 3.5 $\zeta_{L^{(3)}}(s) = \left(2^{-s-3} - 2^{-3}\right)\zeta(s) - \left(2^{-s-1} - 2^{-3}\right)\zeta(s-2)$ であることを示せ．

4

カシミール元と球面調和関数

第1章で中心的だった微分作用素は $\dfrac{d^2}{dx^2}$ であった.その理由は "$\mathbb{R}^1$ のカシミール元" であるということからきている.また第2章で扱ったカシミール効果とは,ラプラシアン Δ の固有値全体の平方根の和の半分を考えることであった.本章では,カシミール元に慣れることも目的として,$\mathbb{R}^n$ のカシミール元であるラプラシアンについて深く考える.Δ の特徴は,それが回転群に関する対称性(不変性)をもっていることである.

そこで本章では,古くから物理数学の美しい理論として親しまれてきている球面調和関数(spherical harmonics)の話をしよう.これは,近年,具体的な数学も尊ばれ,きわめて活発な研究がなされている特殊関数の理論の入り口にもあり,また代数学,表現論の深い話にもつながってゆく.言い換えれば,具体的な計算をともなった現代流の不変式論である.その中心となるのが,まさしくカシミールが学位論文(1931年のオランダ学士院紀要[1]に要約がある)のテーマとして扱った(リー環の)カシミール元なのである.

4.1 不変微分作用素としてのカシミール元

ラプラシアンとよばれる偏微分作用素

$$\Delta = \frac{\partial^2}{\partial x_1^2} + \cdots + \frac{\partial^2}{\partial x_n^2}$$

が，全数学中で最も重要でたくさん研究されてきた微分方程式(系)たちに関係しているものであることは歴史的にもよく知られている．たとえば，調和関数 u を定義するラプラス方程式 $\Delta u = 0$ をはじめ，次の熱伝導の方程式や波動方程式を思い出してみるとよい．

$$\frac{\partial u}{\partial t} = c^2 \Delta u \quad (熱伝導方程式),$$

$$\frac{\partial^2 u}{\partial t^2} = c^2 \Delta u \quad (波動方程式).$$

さて，Δ の特徴は何だろうか．まず Δ が平行移動と可換であることは明らかである．すなわち $(T_a f)(x) = f(x-a)$ とおくと $\Delta T_a = T_a \Delta$ が成り立つ．さらに，簡単な計算で，Δ が $\mathbb{R}^n$ における "回転"(直交変換)で不変であることもわかる．これを数学的に定式化してみると以下のようになる．$O(n)$ を n 次の直交群とする．すなわち

$$O(n) = \{g \in \mathrm{Mat}_n(\mathbb{R}) \mid {}^t g g = 1_n\}$$

である．$O(n)$ の元 g は，$\mathbb{R}^n$ の内積 $(x,y) = {}^t xy = \sum_{i=1}^n x_i y_i$ を不変にする変換といってもよい：

$$(gx, gy) = (x, y) \quad (\forall x, y \in \mathbb{R}^n).$$

したがって，$g \in O(n)$ は，x の長さ $|x| = \sqrt{(x,x)} = \sqrt{x_1^2 + \cdots + x_n^2}$ を保つ．このことから，$\mathbb{R}^n$ 上の関数 f に対して，

$$(L(g)f)(x) = f(g^{-1}x) \quad (g \in O(n))$$

とおくと，$\Delta L(g) = L(g) \Delta$ が従う．すなわち Δ を施してから回転しても，回転してから Δ を施しても結果は変わらないという性質をもつ．

したがって，Δ は，$\mathbb{R}^n$ の合同変換で不変な微分作用素なのである．

4.1 不変微分作用素としてのカシミール元

そこでこの節では，リー群で不変な微分作用素が前節で定義したカシミール元から得られる様子を，群 $O(n)$ の場合に観察しよう．そのために，リー群とリー環の対応について少しばかり説明する．

$G = O(n)$ とする．$\mathbb{R}^n$ の元 x を n 次の列ベクトルと思って，左からのふつうの行列の掛け算 $gx \in \mathbb{R}^n$ を考えると，写像
$$G \times \mathbb{R}^n \ni (g, x) \longmapsto gx \in \mathbb{R}^n$$
は次の 2 条件
$$(g_2 g_1) x = g_2(g_1 x) \quad (\forall g_1, g_2 \in G),$$
$$ex = x$$
を満たしている．このことを，群 G が $\mathbb{R}^n$ に**作用**しているというのであった．つまり，群 G の集合 X への作用とは，G から X の自己同型の全体がなす群 $\mathrm{Aut}(X)$ への準同型写像が与えられることにほかならない．

例 4.1 $G = \mathfrak{S}_n$ を n 次の対称群とする．$\sigma \in \mathfrak{S}_n$ は，n 個の元からなる集合 $X = \{1, 2, \ldots, n\}$ の置換 $j \mapsto \sigma(j)$ を引き起こす．これによって，G は X の置換の群として作用する．

一般に，群 G が X に作用していることを記号 $G \curvearrowright X$ で表すことにする．$O(n) \curvearrowright \mathbb{R}^n$ であり，同様に $GL_n(\mathbb{C}) \curvearrowright \mathbb{C}^n$ である．ただし，
$$GL_n(\mathbb{C}) = \{ g \in \mathrm{Mat}_n(\mathbb{C}) \mid \det g \neq 0 \}$$
と定義され，$\mathbb{C}$ 上の n 次**一般線型群**という．$GL_n(\mathbb{R})$ も同様に定義される．また，
$$SL_n(\mathbb{C}) = \{ g \in \mathrm{Mat}_n(\mathbb{C}) \mid \det g = 1 \}$$
を $\mathbb{C}$ 上の n 次**特殊線型群**という．$SL_n(\mathbb{R})$ も同様である． □

例 4.2 $S^{n-1} := \{ x \in \mathbb{R}^n \mid |x|^2 = x_1^2 + \cdots + x_n^2 = 1 \}$ を $n-1$ 次元の(単位)球面とするとき，$O(n) \curvearrowright S^{n-1}$ である．実際，$g \in O(n)$, $x \in S^{n-1}$ に対して，$|gx|^2 = {}^t(gx)gx = {}^tx{}^tggx = {}^txx = |x|^2 = 1$ であるから，たしかに $gx \in S^{n-1}$ である．直交変換はベクトルの長さを変えないという事実である．$(g_1 g_2) x = g_1(g_2 x)$, $ex = x$ は，$O(n) \curvearrowright \mathbb{R}^n$ から明らかである． □

ところで，この $O(n)$ や $GL_n(\mathbb{C})$, $SL_n(\mathbb{R})$ などは，リー群といわれるものの例になっている．リー群とは，大ざっぱにいえば，群であると同時にいわ

ゆる(解析的)多様体となっているものをいう．実際，たとえば，$GL_n(\mathbb{C})$ はユークリッド空間 $\mathbb{C}^{n^2}$ の中の開集合であり，$SL_n(\mathbb{R})$ は $\mathbb{R}^{n^2}$ において方程式 $\det(g) = 1$ によって定義される $n^2 - 1$ 次元の，各点で接空間が存在するような滑らかな $\mathbb{R}^{n^2}$ の超曲面である．このように，$GL_n(\mathbb{C})$ にせよ $SL_n(\mathbb{R})$ にせよ，位相的には，その各点がユークリッド空間の中の近傍と解析的に同相な近傍をもっている．$O(n)$ についても同様のことがいえる．また，群の乗法は行列の掛け算であるので，明らかに微分可能(解析的)な写像である．逆元をとる操作も，クラメールの公式から，分母が 0 にならない有理関数で与えられるので微分可能である．一般に，$GL_n(\mathbb{C})$ や $GL_n(\mathbb{R})$ の部分群 G が，その各点がある次元のユークリッド空間の近傍と解析同型な近傍をもち，群の演算がこの解析構造に関して微分可能な写像となっているとき G を行列のリー群という．

まあしかし，このような少々洗練された用語や概念に不慣れな読者も心配する必要はない．猫や犬は，べつに彼らが，○○類××科の動物であるという動物学(?)の知識がなくても，見ただけで猫や犬であることがだいたいわかるし，付き合うのに不便はない．それと同じことで，行列のリー群にしても，ごく普通の群であるから安心してよい．ただ，猫や犬が哺乳類であることを知っていた方が子育てなども我々と同じなんだと思われてより親しみが湧くのと同じで，群の演算の"微分"が考えられることを知っている方がなにかと便利である．実際，微分が考えられるということの最大のメリットとして，以下に説明するように，リー群からそれに対応するリー環が自然に考えられるのである．

$\mathfrak{g}$ を $\mathfrak{gl}_n(\mathbb{R})$ や $\mathfrak{sl}_n(\mathbb{C})$ のように行列で定められたリー環とする．$\mathfrak{g}$ の元である行列 X に対して，次のような G の **1 パラメータ部分群**が行列の指数写像 exp を用いて定義される：

$$\mathbb{R} \ni t \mapsto e^{tX} = \exp tX$$
$$= \sum_{n=0}^{\infty} \frac{t^n}{n!} X^n$$

4.1 不変微分作用素としてのカシミール元

$$= I + tX + \frac{t^2}{2}X^2 + \frac{t^3}{6}X^3 + \cdots.$$

行列における行列式と跡との重要な関係式

(☆) $$\det e^A = e^{\operatorname{tr} A}$$

を用いると,すべての行列 X に対して $\det e^X \neq 0$ だから

$$\mathfrak{gl}_n(\mathbb{R}) \ni X \longmapsto e^{tX} \in GL_n(\mathbb{R})$$

がわかる. 同様に, $X \in \mathfrak{sl}_n(\mathbb{C})$ ならば, $\operatorname{tr} X = 0$ なので, $\det e^{tX} = 1$ となり, たしかに $e^{tX} \in SL_n(\mathbb{C})$ となる. 1パラメータ部分群であるというのは, $X \in \mathfrak{g}$ に対して

$$a_X(t) = e^{tX}$$

とおくと, $a_X(t+s) = a_X(t)a_X(s)$ となって, たしかに集合 $\{a_X(t) \mid t \in \mathbb{R}\}$ が G の部分群を定めているからである.

例 4.3 $\mathfrak{sl}_2(\mathbb{R})$ はリー群 $SL_2(\mathbb{R})$ のリー環である. □

注意 4.1 $\mathfrak{g}$ の2つの元 X, Y に対しては, X と Y は可換でないので一般には $e^{X+Y} \neq e^X e^Y$ である.

問 4.1 行列を三角化することにより関係式 (☆) を示せ.

例 4.4 X を実交代行列とする. すなわち $X + {}^tX = 0$ とする. このとき
$${}^t(e^{sX}) = e^{s\,{}^tX} = e^{-sX} = (e^{sX})^{-1}$$
であるから, $g = e^{sX}$ とおくと, ${}^tg = g^{-1}$, すなわち ${}^tgg = I$ が成り立つ. したがって, $g \in O(n)$ である. そこで,

$$\mathfrak{o}_n = \{X \in \mathfrak{gl}_n(\mathbb{R}) \mid {}^tX + X = 0\}$$

とおき, $\mathfrak{o}_n$ を直交リー環という. これが実リー環となっていることは, 簡単に確かめられる. □

注意 4.2 写像 $\mathbb{R} \times \mathfrak{g} \ni (t, X) \mapsto e^{tX} \in G$ は全射ではない. すなわち, 任意の $g \in G$ に対して $g = e^{tX}$ となる $X \in \mathfrak{g}$ と実数 t が, いつも存在するわけではない.

次に, リー環 $\mathfrak{g}$ の元を G 上の微分作用素と見てみよう. $X \in \mathfrak{g}$ に対して

$$(Xf)(x) = \frac{d}{dt}f(xe^{tX})\Big|_{t=0} \qquad (f \in C^\infty(G))$$

と定義する．$x \in G$ におけるベクトル X 方向の方向微分である．実際 X が微分であること，つまり X が線型写像でありライプニッツ則を満たすことを確かめるのはたやすい．x の右から e^{tX} が掛かっているので，この微分は，G の元による左移動と可換である．よって，$\mathfrak{g}$ の元は G 上の左不変な微分作用素と考えることができる．さらに，$\mathfrak{g}$ の元は($\mathbb{C}$ 上) G 上の左不変な微分作用素を生成するが，これを $\mathfrak{g}$ の普遍包絡環 $\mathcal{U}(\mathfrak{g})$ と同一視する．いまは，$\mathfrak{g}$ の元を左不変な微分作用素として扱ったが，同様に右不変な微分作用素とも考えられる．

いま $\pi : G \to GL(V)$ を G の表現とする．$X \in \mathfrak{g}$ に対して $d\pi : \mathfrak{g} \to \text{End}(V)$ を

$$d\pi(X)v = \frac{d}{dt}\pi(e^{tX})v \Big|_{t=0}$$

で定めると $d\pi$ は $\mathfrak{g}$ の V 上の表現を定義する．この表現を π の微分表現といい，専門家の間では $d\pi$ のかわりに同じ文字 π で表してしまうことも多い．$d\pi$ が $\mathfrak{g}$ の表現になっていることを確かめるためには，次のキャンベル-ハウスドルフの公式を用いればよい．

命題 4.1(キャンベル-ハウスドルフの公式) X, Y を正方行列として，

$$(\exp X)(\exp Y) = \exp\left(X + Y + \frac{1}{2}[X,Y] + \frac{1}{12}[X-Y,[X,Y]] + \cdots\right)$$

が成り立つ． □

詳しい証明は省略するが，

$$(\exp tX)(\exp tY) = \left(1 + tX + \frac{t^2}{2!}X^2 + \cdots\right)\left(1 + tY + \frac{t^2}{2!}Y^2 + \cdots\right)$$

を展開して，t の次数の低い所から順に求めてゆけばよい．ただし，2 項目，3 項目が，交換子だけを使って書けているというのは，そう明らかなことではなく，計算してみて了解されることである．より高次の斉次項も X, Y の有理係数の(非可換)多項式になり，同様に交換子で表されることが帰納的に証明できる．

問 4.2 $d\pi$ が $\mathfrak{g}$ の表現になっていることを示せ．

例 4.5 $GL_n(\mathbb{R}) \curvearrowright \mathbb{R}^n$ なる状況を考える. $f \in C^\infty(\mathbb{R}^n)$ に対し
$$(L(g)f)(x) = f(g^{-1}x)$$
とおくと, $(L, C^\infty(\mathbb{R}^n))$ は $GL_n(\mathbb{R})$ の表現を定める. L の微分表現は
$$(dL(X)f)(x) = \frac{d}{dt}f(e^{-tX}x)\bigg|_{t=0} \quad (X \in \mathfrak{gl}_n(\mathbb{R}))$$
で与えられる. $dL(X)$ を具体的に計算してみよう.

$dL : \mathfrak{g} \to \mathrm{End}(C^\infty(\mathbb{R}^n))$ は線型写像だから, 一般の $dL(X)$ を求めるためには, $\mathfrak{gl}_n(\mathbb{R})$ の基底たち $E_{ij} (1 \le i, j \le n)$ に対して $dL(E_{ij})$ を求めればよい. $i \ne j$ のとき $E_{ij}^2 = 0$ だから, 簡単な計算で

$$e^{tE_{ij}}x = (I_n + tE_{ij})\begin{pmatrix} x_1 \\ \vdots \\ x_n \end{pmatrix} = \begin{pmatrix} x_1 \\ \vdots \\ x_i + tx_j \\ \vdots \\ x_n \end{pmatrix} \leftarrow i \text{ 行目}$$

がわかるので, 合成関数の微分法を用いると

$$(dL(E_{ij})f)(x) = \frac{d}{dt}f\begin{pmatrix} x_1 \\ \vdots \\ x_i - tx_j \\ \vdots \\ x_n \end{pmatrix}\bigg|_{t=0} = -x_j\left(\frac{\partial}{\partial x_i}f\right)(x)$$

となる. したがって,
$$dL(E_{ij}) = -x_j\frac{\partial}{\partial x_i}$$
である. また, $i = j$ の場合は
$$dL(E_{ii}) = -x_i\frac{\partial}{\partial x_i}$$
となる. □

例 4.6 上の例で L を $O(n)$ に制限すると $O(n)$ の表現が得られる．$O(n)$ のリー環は $\mathfrak{o}_n = \{X \in \mathfrak{gl}_n(\mathbb{R}) \mid {}^tX + X = 0\}$ であるから，次元を計算すると $\dim \mathfrak{o}_n = \frac{1}{2}n(n-1)$ であり，$X_{ij} = E_{ij} - E_{ji}$ とおくと $\{X_{ij}\}_{1 \leq i < j \leq n}$ は $\mathfrak{o}_n$ の(ベクトル空間としての)1つの基底をなす．また次が成り立つことは，例 4.5 から明らかである：

$$dL(X_{ij}) = x_i \frac{\partial}{\partial x_j} - x_j \frac{\partial}{\partial x_i}.$$
□

$\mathcal{C}_{\mathfrak{o}_n}$ を $\mathfrak{o}_n$ のカシミール元とするとき，$dL(\mathcal{C}_{\mathfrak{o}_n})$ を計算してみよう．まず，次に注意する．

補題 4.2 $\mathfrak{o}_n$ のキリング形式を B とするとき，$B(X, Y)$ は $\mathrm{tr}(XY)$ のスカラー倍となる． □

問 4.3 うまい基底を選んで上の補題を示せ．

便宜上，$\mathfrak{o}_n$ のキリング形式 B を定数倍だけ調節して

$$B(X, Y) = \begin{cases} -\dfrac{1}{n-1}\mathrm{tr}(XY) & (n：奇数) \\ -\dfrac{1}{n}\mathrm{tr}(XY) & (n：偶数) \end{cases}$$

であるとして，カシミール元を求めてみよう．このようにしても，得られるものは本来のカシミール元と定数倍しか違わないので，$\mathcal{U}(\mathfrak{o}_n)$ の中心元であることには変わりない．

$i < j, k < l$ とするとき，簡単な計算で

$$B(X_{ij}, X_{kl}) = \delta_{ik}\delta_{jl}$$

が示される．よって

$$\mathcal{C}_{\mathfrak{o}_n} = \sum_{i<j} X_{ij}^2$$

である．このことと例 4.6 を合わせると，

$$dL(\mathcal{C}_{\mathfrak{o}_n}) = \sum_{i<j}\left(x_i\frac{\partial}{\partial x_j} - x_j\frac{\partial}{\partial x_i}\right)^2$$

であることがわかる．

4.2 カシミール作用素とカペリ型恒等式

$\mathbb{R}^n$ のカシミール作用素 Δ と直交群 $O(n)$ の $\mathbb{R}^n$（あるいは S^{n-1}）への自然な作用のもとでのカシミール作用素の関係式（後述のカペリ型恒等式）を述べる前に，外積代数の復習をしよう．というのも，本書でも話題の中心からつねに切り離せない行列式を取り扱う際に，外積代数はとても都合がよいからである．しかも，可換な成分の行列式のみならず，微分作用素などが入った非可換成分をもつ "行列式" を考えるときには，それはいっそう便利な道具となる．

V を（$\mathbb{C}$ 上の）n 次元ベクトル空間として，$e_1, e_2, \ldots, e_n$ をその基底とする．いま，テンソル積代数

$$T(V) = \sum_{m=0}^{\infty} V^{\otimes m}$$

を考える．$\mathcal{I}$ を $T(V)$ のなかで，$v \otimes w + w \otimes v$ の形の元で生成される両側イデアルとする．このとき，

$$\bigwedge V := T(V)/\mathcal{I}$$

とおいて，$\bigwedge V$ を V の**外積代数**という．言い換えれば，$T(V)$ の元で，

$$v \otimes w \to -w \otimes v, \quad v \otimes v \to 0,$$

$$u \otimes v \otimes w \to -v \otimes u \otimes w \to v \otimes w \otimes u,$$

$$u_1 \otimes \cdots \otimes v \otimes w \otimes \cdots \otimes u_n \to -u_1 \otimes \cdots \otimes w \otimes v \otimes \cdots \otimes u_n$$

などの置き換えを許したものの全体が $\bigwedge V$ である．いま，$T(V)$ における次数から自然に誘導される $\bigwedge V$ の次数が r の元の全体を $\bigwedge^r V$ と表すことにする．$\bigwedge^r V$ の次元は，相異なる n 個のものから r 個を選ぶ組合せの数に等しいので，

$$\dim \bigwedge^r V = \begin{cases} 0 & (r > n) \\ \binom{n}{r} & (r \leq n) \end{cases}$$

である.とくに,$\bigwedge^n V$ は 1 次元であり,$\bigwedge V$ における 2 つの元 v, w の積を簡単に vw と表せば,
$$\bigwedge^n V = \mathbb{C} e_1 \cdots e_n$$
となる.したがって,
$$\bigwedge V = \sum_{r=0}^{n} \bigwedge^r V$$
である.また 2 項定理より $\dim \bigwedge V = 2^n$ である.

行列 $A = (a_{ij}) \in \mathrm{Mat}_n(\mathbb{C})$ の行列式の定義を思い出しておこう.$\mathfrak{S}_n$ を n 次対称群とする.$\mathfrak{S}_n$ は n 個の文字 $\{1, 2, \ldots, n\}$ の置換全体がなす群である.$\sigma \in \mathfrak{S}_n$ に対して $l(\sigma)$ を σ の転倒数とする.すなわち,
$$\sigma = \begin{pmatrix} 1 & 2 & \cdots & n \\ \sigma_1 & \sigma_2 & \cdots & \sigma_n \end{pmatrix} \quad \text{のとき} \quad l(\sigma) = \#\{(i,j) \mid i < j,\ \sigma_i > \sigma_j\}$$
である.このとき,A の行列式 $\det A$ は,次式で定義される:
$$\det A = \sum_{\sigma \in \mathfrak{S}_n} (-1)^{l(\sigma)} a_{1\sigma_1} a_{2\sigma_2} \cdots a_{n\sigma_n}.$$
$V = \mathbb{C}^n$ 上の外積代数を用いると,$\det A$ は次のように捉えることができる.

補題 4.3 $A = (a_{ij}) \in \mathrm{Mat}_n(\mathbb{C})$ に対して,
$$\eta_i = \sum_{j=1}^{n} a_{ij} e_j \in \bigwedge \mathbb{C}^n \quad (i = 1, 2, \ldots, n)$$
とおく.このとき,
$$\eta_1 \cdots \eta_n = (\det A) e_1 \cdots e_n.$$
幾何学的にいえば,$\det A$ は $\eta_1, \ldots, \eta_n$ で定まる n 次元平行 $2n$ 面体の符号付きの体積を表している.

[証明] 定義より
$$\eta_1 \cdots \eta_n = \left(\sum_{j_1=1}^{n} a_{1 j_1} e_{j_1} \right) \cdots \left(\sum_{j_n=1}^{n} a_{n j_n} e_{j_n} \right)$$
$$= \sum_{j_1, \ldots, j_n = 1}^{n} a_{1 j_1} \cdots a_{n j_n} e_{j_1} \cdots e_{j_n} \in \bigwedge^n \mathbb{C}^n$$

であるが，和を表す文字 $j_1,\ldots,j_n$ の中に同じものがあると $e_{j_1}\cdots e_{j_n}=0$ となるから，0 にならないのは $j_1,\ldots,j_n$ がすべて異なるときに限る．したがって，$j_1,\ldots,j_n$ は $1,2,\ldots,n$ の置換である．よって，

$$\eta_1\cdots\eta_n = \sum_{\sigma\in\mathfrak{S}_n} a_{1\sigma_1}\cdots a_{n\sigma_n} e_{\sigma_1}\cdots e_{\sigma_n}$$

と書ける．ところで，$e_{\sigma_1}\cdots e_{\sigma_n} = (-1)^{l(\sigma)} e_1\cdots e_n$ だから

$$\eta_1\cdots\eta_n = \sum_{\sigma\in\mathfrak{S}_n} (-1)^{l(\sigma)} a_{1\sigma_1}\cdots a_{n\sigma_n} e_1\cdots e_n$$

となり，たしかに示された． ∎

さてこんどは，非可換な成分をもつ外積代数を考えることによって，いわゆるカペリ(Capelli)型の恒等式(ワイル[55]の補遺を参照)を示そう．それが意味することの説明は後にまわすが，形を見れば，シュヴァルツの不等式の根拠となっている次のラグランジュの恒等式

$$(x_1^2+\cdots+x_n^2)(y_1^2+\cdots+y_n^2)-(x_1y_1+\cdots+x_ny_n)^2 = \sum_{i<j}(x_iy_j-x_jy_i)^2$$

の微分作用素に関する対応物となっていることがうかがえ，親しみがわいてくる．実際，ラグランジュの恒等式は

$$\begin{pmatrix} x_1^2+\cdots+x_n^2 & x_1y_1+\cdots+x_ny_n \\ y_1x_1+\cdots+y_nx_n & y_1^2+\cdots+y_n^2 \end{pmatrix} = \begin{pmatrix} x_1 & \cdots & x_n \\ y_1 & \cdots & y_n \end{pmatrix} \begin{pmatrix} x_1 & y_1 \\ \vdots & \vdots \\ x_n & y_n \end{pmatrix}$$

の両辺の行列式をとることによって証明される．

定理 4.4(カペリ型恒等式) $r^2 = x_1^2+\cdots+x_n^2$, $\Delta = \dfrac{\partial^2}{\partial x_1^2}+\cdots+\dfrac{\partial^2}{\partial x_n^2}$, $\mathcal{E} = x_1\dfrac{\partial}{\partial x_1}+\cdots+x_n\dfrac{\partial}{\partial x_n}$ とするとき，次が成立する．

$$r^2\Delta - \mathcal{E}(\mathcal{E}+n-2) = \sum_{i<j}\left(x_i\dfrac{\partial}{\partial x_j}-x_j\dfrac{\partial}{\partial x_i}\right)^2. \qquad \square$$

証明のために，$\mathbb{C}^2$ の基底 e_1, e_2 をとり，

$$\eta_i = x_i \otimes e_1 + \partial_i \otimes e_2 \in \mathrm{End}_{\mathbb{C}}(\mathbb{C}[x_1,\ldots,x_n]) \otimes \bigwedge \mathbb{C}^2 \quad (i=1,2,\ldots,n)$$

とおく．ただし，$\partial_i = \dfrac{\partial}{\partial x_i}$ である．$\varphi_i \otimes \omega_i \in \mathrm{End}_{\mathbb{C}}(\mathbb{C}[x_1,\ldots,x_n]) \otimes \bigwedge \mathbb{C}^2$ ($i=1,2$) の積は，$(\varphi_1 \otimes \omega_1)(\varphi_2 \otimes \omega_2) = \varphi_1\varphi_2 \otimes \omega_1\omega_2$ で定める．また，$\varphi \in \mathrm{End}_{\mathbb{C}}(\mathbb{C}[x_1,\ldots,x_n])$ と $\varphi \otimes 1 \in \mathrm{End}_{\mathbb{C}}(\mathbb{C}[x_1,\ldots,x_n]) \otimes \bigwedge \mathbb{C}^2$ や，$\omega \in \bigwedge \mathbb{C}^2$ と $1 \otimes \omega \in \mathrm{End}_{\mathbb{C}}(\mathbb{C}[x_1,\ldots,x_n]) \otimes \bigwedge \mathbb{C}^2$ を，それぞれ同一視する．

補題 4.5 次の関係が成り立つ．

(1) $i \neq j$ のとき，
$$\eta_i \eta_j = (x_i \partial_j - x_j \partial_i) \otimes e_1 e_2$$
であり，とくに
$$\eta_i \eta_j + \eta_j \eta_i = 0.$$

(2) $\eta_i^2 = -e_1 e_2$.

(3) $i \neq j$ のとき $\eta_i \partial_j = \partial_j \eta_i$.

(4) $\eta_i \partial_i = \partial_i \eta_i - e_1$.

［証明］ (1) $\eta_i \eta_j = (x_i \otimes e_1 + \partial_i \otimes e_2)(x_j \otimes e_1 + \partial_j \otimes e_2)$ で，$e_1^2 = e_2^2 = 0$ だから，
$$\eta_i \eta_j = x_i \partial_j \otimes e_1 e_2 + \partial_i x_j \otimes e_2 e_1$$
$$= (x_i \partial_j - \partial_i x_j) \otimes e_1 e_2.$$
$i \neq j$ のときには $\partial_i x_j = x_j \partial_i$ となるから，これで示された．

(2) (1) のときと同じ計算で，
$$\eta_i^2 = (x_i \partial_i - \partial_i x_i) \otimes e_1 e_2$$
が得られるが，$[\partial_i, x_i] = \partial_i x_i - x_i \partial_i = 1$ に注意すると，
$$\eta_i^2 = -1 \otimes e_1 e_2 = -e_1 e_2.$$

(3) は明らか．

(4) についても (2) と同じくして
$$\eta_i \partial_i = x_i \partial_i \otimes e_1 + \partial_i^2 \otimes e_2$$
$$= (\partial_i x_i - 1) \otimes e_1 + \partial_i^2 \otimes e_2$$
$$= \partial_i \eta_i - e_1. \quad \blacksquare$$

［定理 4.4 の証明］ いま，

4.2 カシミール作用素とカペリ型恒等式

$$\rho_1 = \sum_{i=1}^n x_i \eta_i, \quad \rho_2 = \sum_{i=1}^n \partial_i \eta_i$$

とおき，積 $\rho_1 \rho_2$ を 2 通りの方法で計算しよう．まず，

$$\rho_1 = \sum_{i=1}^n x_i (x_i \otimes e_1 + \partial_i \otimes e_2)$$
$$= \sum_{i=1}^n (x_i^2 \otimes e_1 + x_i \partial_i \otimes e_2)$$
$$= r^2 \otimes e_1 + \mathcal{E} \otimes e_2,$$
$$\rho_2 = \sum_{i=1}^n (\partial_i x_i \otimes e_1 + \partial_i^2 \otimes e_2)$$
$$= (\mathcal{E} + n) \otimes e_1 + \Delta \otimes e_2 \quad (\because \quad \partial_i x_i = x_i \partial_i + 1)$$

である．よって，これらの表示式から

$$(*) \qquad \rho_1 \rho_2 = \{r^2 \Delta - \mathcal{E}(\mathcal{E} + n)\} \otimes e_1 e_2$$

である．

一方，ρ_1, ρ_2 の定義から

$$\rho_1 \rho_2 = \sum_{i,j=1}^n x_i \eta_i \partial_j \eta_j$$
$$= \sum_{i \neq j} x_i \partial_j \eta_i \eta_j + \sum_{i=1}^n x_i \eta_i \partial_i \eta_i.$$

ここで補題 4.5 の (1), (4) を用いると，

$$\rho_1 \rho_2 = \sum_{i<j} (x_i \partial_j - x_j \partial_i) \eta_i \eta_j + \sum_{i=1}^n x_i (\partial_i \eta_i - e_1) \eta_i$$

である．ふたたび補題の (1), (2) を使えば，

$$(**) \quad \rho_1 \rho_2 = \sum_{i<j} (x_i \partial_j - x_j \partial_i)^2 \otimes e_1 e_2 - \sum_{i=1}^n x_i \partial_i \otimes e_1 e_2 - \sum_{i=1}^n x_i \partial_i \otimes e_1 e_2$$
$$= \left(\sum_{i<j} (x_i \partial_j - x_j \partial_i)^2 - 2\mathcal{E} \right) \otimes e_1 e_2$$

となる．$(*)$ と $(**)$ を比較して

$$r^2\Delta - \mathcal{E}(\mathcal{E}+n) = \sum_{i<j}(x_i\partial_j - x_j\partial_i)^2 - 2\mathcal{E}.$$

右辺の $2\mathcal{E}$ を左辺に移項すれば,目標の恒等式を得る. ∎

問 4.4 上記の定理の証明のまねをして,よりやさしい可換な場合の恒等式

$$\det\begin{pmatrix} x_1 & \cdots & x_n \\ y_1 & \cdots & y_n \end{pmatrix}\begin{pmatrix} x_1 & y_1 \\ \vdots & \vdots \\ x_n & y_n \end{pmatrix} = \sum_{i<j}\det\begin{pmatrix} x_i & x_j \\ y_i & y_j \end{pmatrix}^2$$

を示せ.

問 4.5 (1) $\mathbb{R}^2$ において極座標

$$\begin{cases} x = r\cos\theta \\ y = r\sin\theta \end{cases} \quad (r \geq 0,\, 0 \leq \theta < 2\pi)$$

を考えると

$$\frac{\partial^2}{\partial x^2} + \frac{\partial^2}{\partial y^2} = \frac{\partial^2}{\partial r^2} + \frac{1}{r}\frac{\partial}{\partial r} + \frac{1}{r^2}\frac{\partial^2}{\partial \theta^2}$$

となる.

(2) $\mathbb{R}^3$ においては極座標

$$\begin{cases} x = r\cos\theta \\ y = r\sin\theta\cos\varphi \\ z = r\sin\theta\sin\varphi \end{cases} \quad \left(r \geq 0,\, -\frac{\pi}{2} \leq \theta \leq \frac{\pi}{2},\, 0 \leq \varphi < \pi\right)$$

を用いると,

$$\frac{\partial^2}{\partial x^2} + \frac{\partial^2}{\partial y^2} + \frac{\partial^2}{\partial z^2} = \frac{\partial^2}{\partial r^2} + \frac{1}{r}\frac{\partial}{\partial r} + \frac{2}{r^2}\left\{\frac{\partial^2}{\partial \theta^2} + \frac{\cos\theta}{\sin\theta}\frac{\partial}{\partial \theta} + \frac{1}{\sin^2\theta}\frac{\partial^2}{\partial \varphi^2}\right\}$$

となる.

(3) 以上の (1), (2) とカペリ型恒等式の $n = 2, 3$ の場合をそれぞれ比較せよ.

$O(n)$ のカシミール元を $\mathcal{C}_{\mathfrak{o}_n}$ とする.前節でみたように,$O(n)$ の $\mathbb{R}^n$ への(左からの)作用を通して考えたものは

$$dL(\mathcal{C}_{\mathfrak{o}_n}) = \sum_{i<j}\left(x_i\frac{\partial}{\partial x_j} - x_j\frac{\partial}{\partial x_i}\right)^2$$

であった．したがってカペリ型恒等式は，$\mathfrak{sl}_2(\mathbb{R})$ の(展開環の)中心元と $\mathfrak{o}_n$ の中心元の，3.3 節で述べたヴェイユ表現を通した明示的関係式と考えられる．このイタリアの数学者カペリの名がついた恒等式の始まりは，およそ 100 年前の素数定理証明成功のほんの少し前頃であった．当時はこの恒等式の意味はそう明らかではなかったが，その背後に，深い双対性がひそんでいることが dual pair の理論として解明され，現在でもなお探求されつづけている[14]，[16]，[48]．この理論は，1970 年代のおわりに，最初ハウ(R. Howe)によって提唱された．その重要性にもかかわらず，"dual pair" に対してはいまでも良い日本語訳がない．

4.3 球面調和関数の話

$P = \mathbb{C}[x_1, \ldots, x_n]$ とおき，$\mathbb{R}^n$ 上の複素数係数 m 次同次多項式の全体を P_m とする：
$$P_m = \{f \in P \mid f(\lambda x) = \lambda^m f(x), \ \forall \lambda \in \mathbb{R}\}.$$
このとき明らかに
$$P = \bigoplus_{m=0}^{\infty} P_m.$$
先程来よく出てきているオイラー作用素 $\mathcal{E} = \sum_{i=1}^{n} x_i \partial_i$ を用いれば
$$P_m = \{f \in P \mid \mathcal{E}f = mf\}$$
となることに注意しておこう．実際，$f(\lambda x) = \lambda^m f(x)$ の両辺を λ で微分すると
$$m\lambda^{m-1} f(x) = \frac{d}{d\lambda} f(\lambda x) = \sum_i \frac{d(\lambda x_i)}{d\lambda} \frac{\partial}{\partial x_i} f(\lambda x_1, \ldots, \lambda x_n)$$
$$= \sum_{i=1}^{n} x_i \frac{\partial f}{\partial x_i}(\lambda x)$$
である．よって $\lambda = 1$ とおけば $\mathcal{E}f = mf$ がわかる．逆を示すには，$f \in P$ を $f = \sum_k f_k$ と同次成分の和に分解しておいて，両辺を $\mathcal{E}$ で "測れば" よい．事実，$k \neq m$ のとき $f_k = 0$ となるのでたしかに正しい．

調和多項式(harmonic polynomials)の空間 H を
$$H = \{\varphi \in P \mid \Delta\varphi = 0\}$$
で定義する．P を次数によって分解したように，H も
$$H = \bigoplus_{m \geq 0} H_m, \quad H_m := H \cap P_m$$
と分解できる．以下では $n \geq 2$ とする．次の球面調和関数の理論といわれるものの内容の一部を示すのが目標である．

定理 4.6 (1) $P^{O(n)}$ を $O(n)$ 不変な多項式の全体とする．すなわち，
$$P^{O(n)} = \{f \in P \mid f(gx) = f(x), \ \forall g \in O(n)\}$$
とする．このとき，
$$P^{O(n)} = \mathbb{C}[r^2]$$
である．

(2) 多項式環 P は，調和多項式の空間 H と不変式環 $P^{O(n)}$ のテンソル積に分解できる：
$$P \xleftarrow{\sim} P^{O(n)} \otimes H.$$
より詳しくは，次が成り立つ．
$$P_m = \bigoplus_{0 \leq 2j \leq m} r^{2j} H_{m-2j}.$$

[(1) の証明] $O(n)$ の作用と $\mathcal{E}$ は可換であったので，同次式の空間で考えればよい．$f \in P_m$ が $O(n)$ 不変であるとすると，f は $\mathfrak{o}_n$ の作用で消される．したがって，とくに $\mathcal{C}_{\mathfrak{o}_n} f = 0$ である．よって，カペリ型恒等式 $r^2\Delta - \mathcal{E}(\mathcal{E} + n - 2) = \mathcal{C}_{\mathfrak{o}_n}$ により
$$r^2 \Delta f = m(m+n-2)f.$$
ここでは $m > 0$ のときを考えれば十分である．すると $m \geq 2$ なので $m(m+n-2) > 0$ である．明らかに $\Delta f \in P_{m-2}$ であるので，この等式より f は r^2 で割り切れることがわかる．そこで $f = r^2 g, g \in P_{m-2}$ とおくと g も $O(n)$ 不変である．この操作を繰り返せば，m が偶数のときは $f = ($定数$) \times r^m$ となり，m が奇数のときは $f = 0$ がわかる． ∎

問 4.6 上記の (1) の初等的別証明を次の手順に沿って行え．

① $n=2$（2 変数）のとき，f を m 次同次式として
$$f(x,y) = \sum_{i=0}^{m} a_i x^i y^{m-i}$$
と表し，微分方程式
$$\left(x\frac{\partial}{\partial y} - y\frac{\partial}{\partial x}\right) f(x,y) = 0$$
から，係数 a_i たちの漸化式を導け．

② n のときに正しいと仮定して $n+1$ のときを示す（数学的帰納法）．$f(x_1,\ldots,x_n, x_{n+1})$ が $O(n+1)$ 不変であるとすると，たとえばとくに，前の変数 $x_1,\ldots,x_n$ に関して f は $O(n)$ 不変であることを利用せよ．

[(2) の証明] $P_m = H_m \oplus r^2 P_{m-2}$ であることを示せばよい．実際，これを繰り返せば (2) の主張は得られる．これを示すには，次を示せば十分である．

(*) $\qquad\qquad\qquad \operatorname{im} r^2 \cap \ker \Delta = \{0\}.$

ここで，$\operatorname{im} r^2$ とは，r^2 を掛けた像を表す．実際 (*) が示されれば，
$$\Delta : P_m(\supset r^2 P_{m-2}) \to P_{m-2}$$
は $r^2 P_{m-2}(\simeq P_{m-2})$ 上単射であり，したがって全射である．よって，P_m は $\ker \Delta$ と $r^2 P_{m-2}$ の直和である．

そこで (*) を示すために，次の補題を準備する．

補題 4.7 $[\Delta, r^{2j}] = 2jr^{2j-2}(2\mathcal{E} + n + 2j - 2) \qquad (j \geq 1).$

[証明] $j=1$ のときは，3.3 節の $\mathfrak{sl}_2(\mathbb{R})$ のヴェイユ表現のテンソル積における関係式に他ならない．j のときに正しいと仮定して，$j+1$ のときに成り立つことを示そう．仮定より
$$\begin{aligned}[\Delta, r^{2j+2}] &= r^{2j}[\Delta, r^2] + [\Delta, r^{2j}]r^2 \\ &= r^{2j} \cdot 2(2\mathcal{E} + n) + 2jr^{2j-2}(2\mathcal{E} + n + 2j - 2)r^2\end{aligned}$$
である．ここで $[\mathcal{E}, r^2] = 2r^2$ を用いると
$$\begin{aligned}(2\mathcal{E} + n + 2j - 2)r^2 &= r^2(2\mathcal{E} + n + 2j - 2) + 4r^2 \\ &= r^2(2\mathcal{E} + n + 2j + 2)\end{aligned}$$
であるから
$$[\Delta, r^{2j+2}] = r^{2j}\left\{2(2\mathcal{E} + n) + 2j(2\mathcal{E} + n + 2j + 2)\right\}$$

$$= r^{2j}(2j+2)(2\mathcal{E} + n + 2j)$$

となり，$j+1$ のときも正しいことが示された． ∎

(∗) の証明に戻ろう．$f \in H_m \cap r^2 P_{m-2}$ とし $f = r^{2j}\varphi$，$\varphi \neq 0$，$\varphi \in P_{m-2j}$ なる最大の整数 j を考える．補題 4.7 より

$$\begin{aligned}
0 = \Delta f &= \Delta r^{2j}\varphi \\
&= r^{2j}\Delta\varphi + 2jr^{2j-2}(2\mathcal{E} + n + 2j - 2)\varphi \\
&= r^{2j}\Delta\varphi + r^{2j-2} \cdot 2j\{2(m-2j) + n + 2j - 2\}\varphi
\end{aligned}$$

である．ところで，$2j\{2(m-2j) + n + 2j - 2\} \neq 0$ だから φ はふたたび r^2 で割り切れることになるが，これは j の最大性に反する．よって $f = 0$ でなくてはならない． ∎

定理 4.6 の (2) の主張より次がわかる．

系 4.8 $\dim H_m = \dfrac{(n+2m-2)(n+m-3)!}{(n-2)!\, m!}$．とくに $\dim H_m$ は，$n \geq 3$ のときは，m に関して単調増加である． □

証明は，$\dim H_m = \dim P_m - \dim P_{m-2}$ であることと，重複組合せを考えて $\dim P_m = {}_n H_m = \dbinom{n+m-1}{m}$ となることより明らかである．

$\mathbb{R}^n$ の m 次同次調和多項式の球面 S^{n-1} への制限で得られる関数を m 次の**球面調和関数**(spherical harmonics)(または単に**球関数**(spherical function))という．m 次の球面調和関数のなす空間を $h_m(S^{n-1})$ とかく．$h_m(S^{n-1}) = H_m|_{S^{n-1}}$ である．$\varphi \in h_m(S^{n-1})$ とすると，カペリ型恒等式から

$$\begin{aligned}
\mathcal{C}_{\mathbf{o}_n}\varphi &= -\mathcal{E}(\mathcal{E} + n - 2)\varphi + r^2 \Delta\varphi \\
&= -m(m+n-2)\varphi
\end{aligned}$$

である．ところで $\mathcal{C}_{\mathbf{o}_n}$ は $O(n)$ 不変な S^{n-1} 上の 2 階の微分作用素であるので，定数倍を無視すれば，S^{n-1} のリーマン多様体としてのラプラシアン $\Delta_{S^{n-1}}$ に等しい．したがって，$h_m(S^{n-1})$ の元は，$\Delta_{S^{n-1}}$ の固有値が $-m(m+n-2)$ に属する固有関数である．一方，S^{n-1} 上の $O(n)$ 不変な L^2 内積に関して，すべての球面調和関数に直交する $C^\infty(S^{n-1})$ の元は 0 に限ることが示される．詳しい議論は，岡本『フーリエ解析の展望』[41] を見てもらいたい．したがって，S^{n-1} 上のラプラシアン $\Delta_{S^{n-1}}$ の固有値は $-m(m+n-2)$ ($m \in \mathbb{Z}_{\geq 0}$)

の形をしており，その固有空間はちょうど $h_m(S^{n-1})$ に一致するということがわかる．

ラプラシアン $\Delta_{S^{n-1}}$ のかわりに，やはり $O(n)$ 不変な微分作用素 $L_{S^{n-1}}$ を $L_{S^{n-1}} = -\Delta_{S^{n-1}} + \left(\dfrac{n-2}{2}\right)^2$ と定義すれば，$L_{S^{n-1}}$ のスペクトルのゼータ関数 $\zeta_{L_{S^{n-1}}}(s)$ は

$$\zeta_{L_{S^{n-1}}}(s) = \sum_{m=0}^{\infty} \frac{{}_nH_m - {}_nH_{m-2}}{\left(m + \dfrac{n-2}{2}\right)^{2s}}$$

で与えられる．ただし，$n=2$ のときは，$m=0$ を除くものとする．

問 4.7 $\zeta_{L_{S^{n-1}}}(s)$ は関数等式をもつだろうか？

問 4.8 $\zeta_{L_{S^1}}(s), \zeta_{L_{S^2}}(s), \zeta_{L_{S^3}}(s)$ をリーマンゼータ $\zeta(s)$ を用いて表せ[ヒント：3.3 節の計算を参考にせよ]．

5

カシミール元の跡と
セルバーグゼータ関数

　カシミール力は真空の力である．第2章では，それをカシミール元の平方根の跡と考えて，リーマンゼータ $\zeta(s)$ を用い無限大を繰り込むことにより $\zeta(s)$ の特殊値として取り出した．

　宇宙は曲った空間であると考えられている．未来の宇宙を考えるとき，真空の力の存在が永遠なる宇宙を保証する鍵，宇宙の根源の力となるだろうとの最近の研究もある．本章では，曲った空間の典型例であり，しかも数学や物理でとくに重要な双曲空間であるリーマン面におけるカシミール力のカシミール元による定式化を行う．さらに，そのようなカシミール力をリーマン面のゼータ関数であるセルバーグゼータ $Z_\Gamma(s)$ で表示する．

5.1 上半平面の幾何学

複素上半平面 $H = \{z = x+iy \mid y > 0,\ x \in \mathbb{R}\}$ は数学においてスポットライトのあたる舞台である．そこには，代数・幾何・解析の美しいものが凝集している．これは，リー群 $G = SL_2(\mathbb{R})$ が空間 H に作用していて，H は G の商空間(リーマン対称空間)になっていることからきている．この群 G のカシミール元 $\mathcal{C}$ にまつわる数学は驚くほど美しい．その美しさを語る原点となるのが，跡公式である．

第2章ではユークリッド時空における計算を実行した．この章では，その空間変数部分を非ユークリッド的なものに置き換えるとどうなるか，について研究したい．正確には定義をどう置き換えるのが自然であるか，というところから出発しなくてはならない．そこでここでは，土台となる領域として 2.3 節で考えたユークリッド空間の中の直方体のかわりに，ポアンカレ計量 $ds^2 = y^{-2}(dx^2 + dy^2)$ を備えた2次元複素上半平面 H の中にあるコンパクトな領域 M を考えることにする．

では，M としてどんな種類のものを考えればよいか．次元を2としているので，ユークリッド空間とは平面 $\mathbb{R}^2$ であり，その中の直方体とは長方形である．長方形は直線で囲まれている．直線とは2点間を結ぶ最短経路，つまり測地線である．したがって M としては，H の測地線，つまり実軸に直交する直線や円たちで囲まれる領域である双曲的多角形を考えるのがよい．ところで，そのようなものの典型は，コンパクトなリーマン面を表す基本領域である．これは

$$SL_2(\mathbb{R}) = \left\{ \begin{pmatrix} a & b \\ c & d \end{pmatrix} \middle| \ a,b,c,d \text{ は実数で } ad - bc = 1 \right\}$$

の，ある(ねじれのない双曲的)離散部分群 Γ を用いて $M = \Gamma \backslash H$ と実現される．リーマン面 M が $M = \Gamma \backslash H$ と表されているとき，M の基本群 $\pi_1(M)$ は Γ であり，H は M の普遍被覆空間となっている．このあたりのことから

出発しよう．

複素数を表す記号 $\mathbb{C}$ で複素平面も表そう．また $z = x + iy \in \mathbb{C}$ と書いたとき，とくに断りがない場合，x, y はそれぞれ z の実部と虚部を表していることとする．考えるのは，双曲(ロバチェフスキー)平面のモデルである計量

$$ds = \frac{\sqrt{dx^2 + dy^2}}{y}$$

を備えた複素上半平面

$$H = \{z = x + iy \mid y > 0, x \in \mathbb{R}\}$$

である．この計量は，ふつうポアンカレ計量と呼ばれるが，計量といっても難しいものを考えているわけではない．ユークリッド平面のときとの違いは，分母に y があることだ．そのためユークリッド的に測ったときには同じでも，y が十分大きいときには長さが見た目より短く評価され，逆に実軸に近いときには思いのほか長い距離になるのである．定義から，区分的になめらかな道 $L = \{z(t) = x(t) + iy(t) \in H \mid t \in [0, 1]\}$ の双曲的長さ $\ell(L)$ は

$$\ell(L) = \int_0^1 \frac{\sqrt{\left(\frac{dx}{dt}\right)^2 + \left(\frac{dy}{dt}\right)^2}}{y(t)} dt = \int_0^1 \frac{\left|\frac{dz}{dt}\right|}{y(t)} dt$$

で与えられる．ただし，L が道であるとは $\left|\frac{dz}{dt}\right| > 0$ $(t \in [0, 1])$ とする．

さて直線とは何であったのかを反省してみよう——それは 2 点間の最短距離を与える道のことであった．もちろん 2 点 z_0, z_1 の間の距離 $d(z_0, z_1)$ は

$$d(z_0, z_1) = \inf_L \ell(L)$$

で定義される．ただし $\inf_L$ は，H の中で z_0, z_1 を結ぶあらゆる道 L についての下限(最小値)である．一般にそのような道のことを**測地線**という．航空路線図などでもみられるように，球面での大円などは測地線である．では双曲平面の場合はどうであろうか．答えは

定理 5.1 H の測地線は実軸に直交する(半)円か直線である． □

2 点 $z(0)$ と $z(1)$ を止めたとき，$\ell(L)$ 表示を用いて最小値を与える道 L :

$z = z(t)$ を決定すればよいのだが,幾何学的性質(合同変換)を使ってうまく計算しないと面倒になるので証明はあとにまわす.ここではまずユークリッド幾何の第5公準が満たされていないことに注意しておこう.第5公準とはもちろん,「直線とその上にない1点が与えられたとき,その点を通り与えられた直線と交わらない直線が,ただ1本だけ存在する」というものである.

定理から,ともかく与えられた2点を結ぶ測地線が一意的に定まる.実際,2点の垂直二等分線と実軸の交点が半円の中心である.ところが図5.1によると,測地線 L とその上にない点 z が与えられたとき,L と交わらないで z を通過する測地線がたくさんあることがわかる.じっさいに,図の網かけ部分の外側を通る円たちはみなそうである.

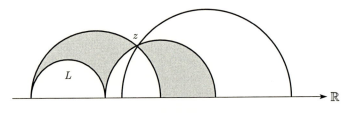

図 **5.1** 平行線の公理の変更

問 5.1 球面の場合には,平行線の公理はどのように変更されているか?

双曲平面に限らず,図形の計量を考えるときには,まず等長変換,つまり2点間の距離を保つ変換を考えるのが自然である.

天下り的ではあるが,1次分数変換(メービウス変換ともいう)を考えよう.2次の実行列で行列式の値が1であるものの全体がなすリー群を特殊線型群といい $SL_2(\mathbb{R})$ と書いていた.$SL_2(\mathbb{R})$ の元 $g = \begin{pmatrix} a & b \\ c & d \end{pmatrix}$ に対して,H の1次分数変換は次で定義される:

$$H \ni z \longmapsto g.z = \frac{az+b}{cz+d} \in H.$$

これが H から H への写像であることは,

$$\mathrm{Im}(g.z) = \frac{\mathrm{Im}(z)}{|cz+d|^2}$$

となることからわかる．ただし $\mathrm{Im}(z)$ は z の虚数部分である．上への写像であることも $g^{-1}.(g.z) = z$ から従う．1次分数変換の全体を $PSL_2(\mathbb{R})$ とおく．もちろん $\pm g \in SL_2(\mathbb{R})$ は，1次分数変換としては同じ変換を表しているので，群としては $PSL_2(\mathbb{R})$ と $SL_2(\mathbb{R})/\{\pm I_2\}$ は同型である．ユークリッド平面での等長(合同)変換である平行移動や回転などと同様に，$PSL_2(\mathbb{R})$ では $z \to az+b$ や $z \to -\dfrac{1}{z}$ なる変換が基本である．さらに次が言える．

定理 5.2 $PSL_2(\mathbb{R})$ の元は H の等長変換である．

［証明］距離の定義より，任意の $g \in SL_2(\mathbb{R})$ と道 $L : z = z(t)$ に対して $\ell(g(L)) = \ell(L)$ を示せば十分である．$w = g.z$ とおくと

$$\frac{dw}{dz} = \frac{a(cz+d) - c(az+b)}{(cz+d)^2} = \frac{1}{(cz+d)^2}$$

であるので $\left|\dfrac{dw}{dz}\right| = \dfrac{\mathrm{Im}(w)}{\mathrm{Im}(z)}$ である．そこで $w(t) = g.z(t) = u(t) + iv(t)$ と書くと

$$\ell(g(L)) = \int_0^1 \frac{\left|\dfrac{dw}{dt}\right|}{v(t)} dt = \int_0^1 \frac{\left|\dfrac{dw}{dz}\dfrac{dz}{dt}\right|}{v(t)} dt = \int_0^1 \frac{\left|\dfrac{dz}{dt}\right|}{y(t)} dt = \ell(L)$$

となり，たしかに主張は示された． □

ユークリッド空間のときには，ベクトルの長さを変えない変換は内積も不変にしていた．同じことがここでも成立する．

系 5.3 $PSL_2(\mathbb{R})$ の元は角度を保つ． □

つまり，$PSL_2(\mathbb{R})$ の元は図形の合同変換である．

ここでは証明はしないが，ユークリッド平面における対称移動(折り返し)と同じように H でも $z \to -\bar{z}$ なる変換があり，H の等長変換はすべて，この変換と $PSL_2(\mathbb{R})$ の合成で得られることが示される．ただし $z \to -\bar{z}$ は $PSL_2(\mathbb{R})$ のように "向きを保つ" 変換ではない．

定理 5.1 を証明するためには，非調和比をもちだすのが賢明である．リーマン球面 $\hat{\mathbb{C}} = \mathbb{C} \cup \{\infty\}$ (図 5.2 のように立体射影を考えることで ∞ を点だ

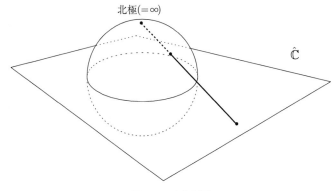

図 5.2 立体射影

とみなしている)を考えよう．$\hat{\mathbb{C}}$ の 4 点 z_1, z_2, z_3, z_4 に対して非調和比は

$$[z_1, z_2, z_3, z_4] = \frac{z_1 - z_3}{z_1 - z_4} \cdot \frac{z_2 - z_4}{z_2 - z_3}$$

と定義される．$\hat{\mathbb{C}}$ での円として，$\mathbb{C}$ における通常の円のほかに，直線も半径無限大の円だとしておくと都合がよい．次の補題は，「円周角の定理」(図 5.3)を言い換えたものである．実際，複素数 z が実数となるのはその偏角 $\arg z$ が $\arg z \in \pi \mathbb{Z}$ を満たすときに限るから，

$$\arg[z_1, z_2, z_3, z_4] = \arg \frac{z_1 - z_3}{z_1 - z_4} + \arg \frac{z_2 - z_4}{z_2 - z_3}$$

よりそれは容易に示される．

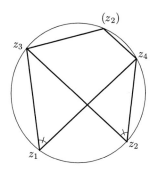

図 5.3 円周角の定理

補題 5.4 $\hat{\mathbb{C}}$ 上の 4 点 z_1, z_2, z_3, z_4 が同一円周上にあるための必要十分条件は $[z_1, z_2, z_3, z_4] \in \mathbb{R}$ である. □

簡単のために, 今後 $G = SL_2(\mathbb{R})$ とおく. $g \in G$ が定める 1 次分数変換は, 実はリーマン球面 $\hat{\mathbb{C}}$ 上で定義されていて, H はちょうど $i \in H$ の G 軌道になっている; $H = \{g.i \mid g \in G\}$. いま, $w_i = g.z_i$ $(i = 1, 2, 3, 4)$ とおき, 地道にそれらの分数式を $[z_1, z_2, z_3, z_4]$ に代入して少しばかり計算すれば次がわかる.

補題 5.5 非調和比は 1 次分数変換で不変である. □

補題 5.4, 5.5 は 1 次分数変換は円を円に移すことを示している. とくに次のことが言える.

補題 5.6 $\alpha \in \mathbb{R}, \alpha' \in \mathbb{R} \cup \{\infty\}$ $(\alpha \neq \alpha')$ に対して, $g \in G$ を
$$g.z = -\frac{1}{z - \alpha} + \frac{1}{\alpha' - \alpha}$$
で定める(これは明らかに可能である). このとき g は α, α' を直径の両端とする実軸に直交する円($\alpha' = \infty$ のときは直線)を虚軸に移す. □

［定理 5.1 の証明］ 補題 5.6 により, 与えられた 2 点 $z, w \in H$ に対して $g.z = ip, g.w = iq$ $(p, q > 0)$ となるような $g \in G$ がとれる. それには α, α' として z, w を通る実軸に直交する円と実軸との交点を考えればよい. 定理 5.2 により $d(z, w) = d(ip, iq)$ である. ところが虚軸上では明らかに
$$\int_0^1 \frac{\left|\dfrac{dz}{dt}\right|}{y(t)} dt \geq \int_0^1 \frac{|y'(t)|}{y(t)} dt = \left|\log \frac{q}{p}\right|$$
である. さらに等号が成立するのは $x'(t) \equiv 0$ のときであり, そのときに限る. よって, ip と iq を結ぶ測地線は虚軸上の線分で, その距離は $\left|\log \dfrac{q}{p}\right|$ である. 議論を逆にたどれば定理 5.1 の主張は明白である. ■

$p > q$ とすると $e^{d(z,w)} = e^{d(ip,iq)} = p/q$ だから次がわかる(図 5.4).

系 5.7
$$\cosh d(z, w) = 1 + \frac{|z - w|^2}{2 \operatorname{Im}(z) \operatorname{Im}(w)}.$$
□

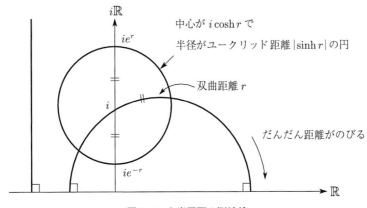

図 5.4 上半平面の測地線

以下の 2 つの系も明らかであろう．

系 5.8 2 点を結ぶ測地線は一意的に存在する． □

系 5.9 相異なる 2 点 $z, w \in H$ に対して，$d(z,w) = d(z,\xi) + d(\xi,w)$ が成立するのは ξ が z, w を結ぶ測地線上にあるときで，そのときに限る． □

1 次分数変換が等長変換であることと，系 5.8, 5.9 を踏まえると次の事実がわかる．

系 5.10 $PSL_2(\mathbb{R})$ の元は測地線を測地線に移す． □

これまでは，道の長さのみに関心をおいてきたが，2 次元の幾何学なのだから面積についても簡単に触れておく必要がある．H の領域 A に対し，その（双曲的）面積 $\mu(A)$ は

$$\mu(A) = \int_A \frac{dxdy}{y^2}$$

である．ユークリッド平面の場合の合同変換の性質から期待されるように

定理 5.11 1 次分数変換により面積は保たれる：

$$\mu(g(A)) = \mu(A) \quad (\forall g \in G).$$

［証明］ $z = x + iy$ に対し $w = g.z = u + iv$ とおき，コーシー–リーマンの方程式を用いて変換 $(x,y) \mapsto (u,v)$ のヤコビアンを計算すると

$$\left|\frac{\partial(u,v)}{\partial(x,y)}\right| = \left|\begin{array}{cc}\frac{\partial u}{\partial x} & \frac{\partial v}{\partial y} \\ \frac{\partial u}{\partial y} & \frac{\partial v}{\partial x}\end{array}\right| = \left(\frac{\partial u}{\partial x}\right)^2 + \left(\frac{\partial v}{\partial x}\right)^2 = \left|\frac{dw}{dz}\right|^2 = \frac{1}{|cz+d|^4}$$

となる. $v = y/|cz+d|^2$ だから

$$\mu(g(A)) = \int_{g(A)} \frac{dudv}{v^2} = \int_A \frac{1}{|cz+d|^4} \frac{|cz+d|^4}{y^2} dxdy = \mu(A)$$

である.

双曲的 n 角形とは n 個の H の測地線で囲まれた図形であり, 頂点が $\mathbb{R} \cup \{\infty\}$ にあるものも含む. 図 5.5 は頂点のうちそれぞれ 0 個, 1 個, 2 個, 3 個が $\mathbb{R} \cup \{\infty\}$ にある双曲的三角形の例である.

以下に述べるガウス-ボンネの定理は, 双曲的三角形の面積がその内角だけで決まることを主張している.

定理 5.12 内角が α, β, γ で与えられる三角形を S とする. このとき

$$\mu(S) = \pi - (\alpha + \beta + \gamma)$$

が成立する.

[証明] S の頂点を A, B, C とする. 図 5.6 より, いずれの頂点も $\mathbb{R} \cup \{\infty\}$ にない場合には, (たとえば) 測地線である辺 AB の延長と実軸との交点を D とし $S = \triangle ADC - \triangle ABC$ と考えれば, それぞれの三角形は $\mathbb{R} \cup \{\infty\}$ に頂

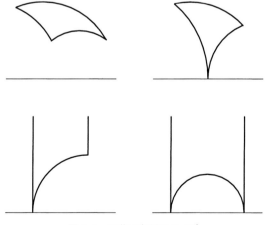

図 5.5 双曲三角形のタイプ

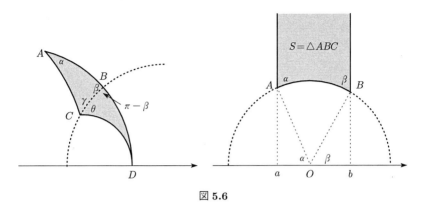

図 5.6

点をもつので,証明は頂点のうち少なくとも 1 つは $\mathbb{R} \cup \{\infty\}$ にある場合に帰着される.じっさい,1 頂点が $\mathbb{R} \cup \{\infty\}$ にある場合に正しいとすると,その頂点でのなす角は 0 であるから

$$\mu(\triangle ADC) = \pi - (\alpha + \gamma + \theta), \quad \mu(\triangle BDC) = \pi - (\pi - \beta + \theta)$$

である.よって差をとれば

$$S = \pi - (\alpha + \gamma + \theta) - \{\pi - (\pi - \beta + \theta)\} = \pi - (\alpha + \beta + \gamma)$$

となって欲しい結論を得る.

そこで S の頂点のうち C は $\mathbb{R} \cup \{\infty\}$ にあるとする.C での辺のなす角 γ は $\gamma = 0$ である.系 5.3 と定理 5.5 により,なす角や面積は不変だから,必要ならば 1 次分数変換を施すことにより,点 $C = \infty$ としてもよい.このように仮定すれば,2 辺は実軸に直交する直線であり,残りの辺は実軸に直交する半円である.さらに必要なら,$z \mapsto z + a$, $z \mapsto \lambda z$ なる変換を行って,この半円の半径を 1,中心は原点 O であると仮定してよい(図 5.6 参照).$\angle AOC = \alpha$, $\angle BOD = \beta$ であるから,実軸に直交する 2 辺をそれぞれ $x = a$, $x = b$ とすると

$$\mu(S) = \int_a^b dx \int_{\sqrt{1-x^2}}^\infty \frac{dy}{y^2} = \int_a^b \frac{dx}{\sqrt{1-x^2}} = \int_{\pi-\alpha}^\beta \frac{-\sin\theta}{\sin\theta} d\theta = \pi - \alpha - \beta$$

となる.

ここでは深入りした説明はしないが,H は $SL_2(\mathbb{R})$ の元が定めるケーリー

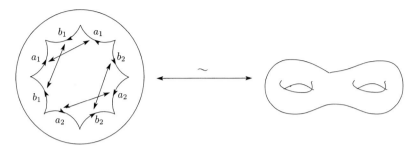

図 5.7　双曲的正 8 角形と 2 つ穴の浮き袋(種数 2 のリーマン面の絵)

変換 $z \mapsto w = \dfrac{-z+i}{z+i}$ により単位円板 $D = \{w \in \mathbb{C} \mid |w| < 1\}$ に解析的に同型である．そこで D の中で描いた内角が $\dfrac{\pi}{4}$ の双曲的 8 角形で図 5.7 に示すような辺の同一視を行えば，それは 2 つ穴の浮き袋(種数 2 のリーマン面)を定める．

問 5.2　図 5.7 の内角が $\dfrac{\pi}{4}$ の正 8 角形の面積が 4π に等しいことを示せ．

以上の他にもユークリッド図形と同様に，双曲的三角形に対しての正弦・余弦定理などが成り立つ．それを紹介する余裕はないが，興味ある読者は河野[20]などを参考に学ばれたい．ここでは，双曲的世界がユークリッド的世界と同様，あるいはそれ以上に自然かつ魅力あるものであるとの印象をもってもらえれば，十分である．

5.2　セルバーグ跡公式とセルバーグゼータ関数

セルバーグ跡公式を定式化するためには，$G = SL_2(\mathbb{R})$ の離散部分群についての話をしなくてはならない．この節では都合に応じて群 G に対する用語と $PSL_2(\mathbb{R})$ に対する用語を混同して用いるが混乱の恐れはないだろう．

(a)　離散部分群と素元

まずはじめに G の元の標準型について述べる．G の元 $g = \begin{pmatrix} a & b \\ c & d \end{pmatrix}$ は，

$\operatorname{tr}(g) = a+d$ の絶対値が $<2, =2, >2$ に従って，それぞれ楕円元，放物元，双曲元という．行列 g の特性方程式を考えると，$\mathbb{R}^2$ の1次変換としてはそれぞれ

$$\begin{pmatrix} \cos\theta & -\sin\theta \\ \sin\theta & \cos\theta \end{pmatrix} \ (\theta \in \mathbb{R}), \quad \begin{pmatrix} 1 & x \\ 0 & 1 \end{pmatrix} \ (x \in \mathbb{R}), \quad \begin{pmatrix} \lambda & 0 \\ 0 & \lambda^{-1} \end{pmatrix} \ (\lambda \neq 1)$$

に共役となる．この分類は $g.z=z$ なる固定点を考えることによっても得られる．実際 $\dfrac{az+b}{cz+d} = z$ の分母を払って得られる z の2次方程式 $cz^2 + (d-a)z - b = 0$ を考えれば，

$$\text{判別式} = (d-a)^2 + 4bc = (d+a)^2 - 4$$

であるから，g が双曲元であることは $\mathbb{R} \cup \{\infty\}$ に異なる2つの固定点をもつことと同値であることがわかる．同様に，楕円元であることは固定点が共役複素数(したがって H 内には1つだけ)であることと同値であり，放物元であることは $\mathbb{R} \cup \{\infty\}$ にただ1つの固定点をもつことと同値である．放物元の固定点をカスプと呼ぶ．

また，双曲元 g の2つの固定点を結ぶ H の測地線を g の軸といい，今後 $C(g)$ と表すことにしよう．系 5.9 により，$C(g)$ は g によって $C(g)$ 自身に移る．

Γ を G の離散部分群とする．すなわち Γ は上半平面 H に不連続に作用する群である．本書で扱う Γ は，$\Gamma \backslash H$ の面積が有限なものである．そのような Γ の典型は，$SL_2(\mathbb{Z})$ や，そのレベル N の主合同部分群と呼ばれる

$$\Gamma(N) = \left\{ \gamma = \begin{pmatrix} a & b \\ c & d \end{pmatrix} \in SL_2(\mathbb{Z}) \ \middle| \ \gamma \equiv I_2 \pmod{N} \right\}$$

などである．ただしこれらは，$\Gamma \backslash H$ の面積は有限でもコンパクトではない．$\Gamma \backslash H$ がコンパクトになるような例は，4元数体の単数群を用いて以下のように構成される．

$\mathbb{F}$ を標数が2でない体とする．$a, b \in \mathbb{F}^\times$ に対して $\left(\dfrac{a,b}{\mathbb{F}} \right)$ を

5.2 セルバーグ跡公式とセルバーグゼータ関数

$$i^2 = a, \quad j^2 = b, \quad k = ij = -ji$$

であるような $\{1, i, j, k\}$ を基底とする $\mathbb{F}$ 上(ベクトル空間として) 4 次元の(単位的) 環を表す．$A = \left(\dfrac{a, b}{\mathbb{F}}\right)$ を $\mathbb{F}$ 上の 4 元数環という．いま，$\varphi : A \to \mathrm{Mat}_2(\mathbb{F}(\sqrt{a}))$ を A の基底について次のように定義される線型写像とする．

$$1 \longmapsto \begin{pmatrix} 1 & 0 \\ 0 & 1 \end{pmatrix}, \quad i \longmapsto \begin{pmatrix} \sqrt{a} & 0 \\ 0 & -\sqrt{a} \end{pmatrix},$$

$$j \longmapsto \begin{pmatrix} 0 & 1 \\ b & 0 \end{pmatrix}, \quad k \longmapsto \begin{pmatrix} 0 & \sqrt{a} \\ -b\sqrt{a} & 0 \end{pmatrix}.$$

したがって，一般の元 $x = x_0 + x_1 i + x_2 j + x_3 k \in A$ に対しては

$$\varphi(x) = \begin{pmatrix} x_0 + x_1\sqrt{a} & x_2 + x_3\sqrt{a} \\ b(x_2 - x_3\sqrt{a}) & x_0 - x_1\sqrt{a} \end{pmatrix}$$

となる．上記の 4 つの行列は $\mathbb{F}$ 上 1 次独立であり，

$$\varphi(i^2) = a, \quad \varphi(j^2) = b, \quad \varphi(i)\varphi(j) = -\varphi(j)\varphi(i)$$

も容易にわかるので，A は $\mathrm{Mat}_2(\mathbb{F}(\sqrt{a}))$ の $\mathbb{F}$ 部分代数に同型である．

例 5.1 $\left(\dfrac{1, 1}{\mathbb{F}}\right) = \mathrm{Mat}_2(\mathbb{F})$ である． □

例 5.2 4 元数環 $\mathbb{H} = \left(\dfrac{-1, -1}{\mathbb{R}}\right)$ は体となり，ハミルトンの 4 元数体と呼ばれる． □

例 5.2 のように，4 元数環が体になるとき 4 元数体と呼ぶ．

$x \in A = \left(\dfrac{a, b}{\mathbb{F}}\right)$ に対して $\overline{x} = x_0 - x_1 i - x_2 j - x_3 k$ とおいて x の共役という．$\mathrm{tr}(x) = x + \overline{x} = 2x_0$，$\mathrm{Nr}(x) = x \cdot \overline{x} = x_0^2 - x_1^2 a - x_2^2 b + x_3^2 ab$ と定義し，$\mathrm{tr}(x), \mathrm{Nr}(x)(\in \mathbb{F})$ をそれぞれ，x のトレース，ノルムという．つまり，$g_x = \varphi(x)$ とおけば，$\mathrm{tr}(x) = \mathrm{tr}(g_x), \mathrm{Nr}(x) = \det(g_x)$ である．したがって次は明らかである．

$$\mathrm{Nr}(xy) = \mathrm{Nr}(x)\mathrm{Nr}(y), \quad \mathrm{Nr}(1) = 1.$$

補題 5.13 4元数環 $A = \left(\dfrac{a,b}{\mathbb{F}}\right)$ が4元数体となるための必要十分条件は，$\mathrm{Nr}(x) \neq 0\ (\forall x \neq 0)$ が成り立つことである．

［証明］$x \neq 0$ に対して $\mathrm{Nr}(x) \neq 0$ とする．$\mathrm{Nr}(x) = x\overline{x}$ だから $\dfrac{\overline{x}}{\mathrm{Nr}(x)} \cdot x = 1$，すなわち $\dfrac{\overline{x}}{\mathrm{Nr}(x)}$ は x の逆元であるから A は体である．逆に A を体とし $x \neq 0$ とすると，$x^{-1}(\neq 0)$ が存在するから $1 = \mathrm{Nr}(x)\mathrm{Nr}(x^{-1})$ となり $\mathrm{Nr}(x) \neq 0$ である． ∎

じつは，$\mathrm{Mat}_2(\mathbb{F})$ と同型でない $A = \left(\dfrac{a,b}{\mathbb{F}}\right)$ は4元数体となることも示される．さて次に，$\mathbb{Q}$ 上の4元数体の重要例をあげる．

例 5.3 b を素数とする．a を $\mathrm{mod}\ b$ での平方非剰余とする．すなわち，$x^2 \equiv a \pmod{b}$ に整数解がないとする．このとき $A = \left(\dfrac{a,b}{\mathbb{Q}}\right)$ は4元数体である． □

これは次のように示される．A が体でないとしよう．上の補題によって $x \neq 0$ で
$$(*) \qquad \mathrm{Nr}(x) = x_0^2 - x_1^2 a - x_2^2 b + x_3^2 ab = 0$$
なる $x \in A$ が存在する．x_0, x_1, x_2, x_3 は公約数をもたないと仮定してよい．さて $(*)$ より，明らかに
$$(**) \qquad x_0^2 \equiv ax_1^2 \pmod{b}$$
である．もし $b \nmid x_1$ ならば，x_1^2 は $\mathrm{mod}\ b$ で平方剰余であり，平方剰余と平方非剰余の積は平方非剰余だから，$(**)$ に反する．よって $b|x_1$ である．したがって $b|x_0$ でもある．$(*)$ より $x_2^2 \equiv ax_3^2 \pmod{b}$ となるから，同じ議論を行えば，$b|x_2, b|x_3$ が示される．しかしこれは仮定に反する．したがって A は体である．

たとえば 5 は $\mathrm{mod}\ 3$ で平方非剰余だから，$A = \left(\dfrac{5,3}{\mathbb{Q}}\right)$ は例 5.3 の具体例である．

例 5.3 で述べたような 4元数体 $A = \left(\dfrac{a,b}{\mathbb{Q}}\right)$ を用いると $\Gamma \backslash H$ がコンパクトであるような離散部分群 Γ が次のように構成される．A の部分環 $\mathcal{O}$ を

5.2 セルバーグ跡公式とセルバーグゼータ関数

$$\mathcal{O} = \{x = x_0 + x_1 i + x_2 j + x_3 k \in A \mid x_0, x_1, x_2, x_3 \in \mathbb{Z}\}$$

で定める．$\mathcal{O}$ は A の整環と呼ばれる部分環の 1 つである．$\mathcal{O}$ の単数群 $\mathcal{O}^1 = \{x \in \mathcal{O} \mid \mathrm{Nr}(x) = 1\}$ を考え

$$\Gamma(A, \mathcal{O}) = \varphi(\mathcal{O}^1)/\{\pm I\}$$

と定義すると，$\Gamma = \Gamma(A, \mathcal{O})$ は $PSL_2(\mathbb{R})$ の $\Gamma \backslash H$ がコンパクトであるような離散部分群である．証明などの詳しいことは[10]などを参考にしてほしい．

さて，一般の Γ の話に戻ろう．Γ は H に作用している．その代表元の全体 $\Gamma \backslash H$ を H の連結な部分図形(基本領域という)として描いたとき，それ(の閉包)は H の測地線に囲まれた多角形となるようにできる．たとえばレベル 2 の主合同部分群 $\Gamma(2)$ の基本領域の閉包は，図 5.8 のようになる．

$\Gamma \backslash H$ の閉測地線の長さを計算しよう．閉測地線とは，局所的にはつねに測地線となっている閉曲線のことである．Γ の双曲元と閉測地線との関係を記述しよう．γ を双曲元とし $C(\gamma)$ を γ の軸とする．$g \in G$ を $g\gamma g^{-1} = \begin{pmatrix} \alpha & 0 \\ 0 & \alpha^{-1} \end{pmatrix}$ ($|\alpha| > 1$) と選べば，明らかに $g\gamma g^{-1}$ の軸は虚軸である．した

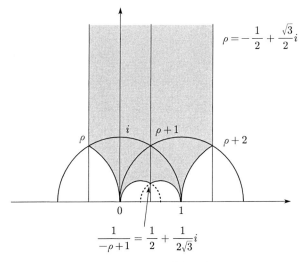

図 **5.8** $\Gamma(2)$ の基本領域

がって任意の $z \in C(\gamma)$ に対して $g.z = ip$ とおくと，距離の G 不変性より
$$d(z, \gamma.z) = d(g.z, (g\gamma g^{-1}).(g.z)) = d(ip, i\alpha^2 p)$$
だから $e^{d(z,\gamma.z)} = \alpha^2$ である．このことからとくに，$d(z, \gamma.z)$ は $C(\gamma)$ 上の点 z の選び方によらないことがわかる．いま $\ell(\gamma)$ を γ が定める移動距離としよう．つまり $\ell(\gamma)$ は

(✿) $\quad d(z, \gamma.z) = \ell \quad (\forall z \in C(\gamma)), \quad d(z, \gamma.z) > \ell \quad (\forall z \notin C(\gamma))$

を満たすような正数 ℓ である．共役元は同じ移動距離をもつので $\ell(\gamma)$ は γ の定める共役類できまる．$z = \gamma.z \in \Gamma\backslash H$ であるから，γ は $C(\gamma)$ の一部分を $\Gamma\backslash H$ の中に描くことで $\Gamma\backslash H$ の閉測地線 L_γ を定義する．明らかに $\ell(L_\gamma) = \ell(\gamma)$ である．

問 5.3 (✿) を示せ．

以上をまとめると，

補題 5.14 $e^{\ell(\gamma)}$ は γ の固有値の絶対値の小さくない方の平方に等しい．あるいは，
$$\cosh\left(\frac{1}{2}\ell(L_\gamma)\right) = \cosh\left(\frac{1}{2}\ell(\gamma)\right) = \frac{1}{2}\left|\text{tr}(\gamma)\right|. \qquad \square$$

さてここで，Γ の素元と呼ばれるものを定義しよう．

定義 5.1 単位元でない Γ の元 γ が素元であるとは，どんな $\delta \in \Gamma$ と $m \geq 2$ を用いても $\gamma = \delta^m$ と表せないときをいう．共役類についても同様な言葉使いをする．また，$\text{Prim}(\Gamma)$ で Γ の素な(双曲的)共役類の全体を表す．

同様に，γ の定める $\Gamma\backslash H$ の閉測地線 L_γ が素(素閉測地線(図 5.9 を参照)，あるいは簡単に素測地線や素弦ともいう)であるとは，それが他の閉測地線 L_δ の m 重 $(m \geq 2)$ になっていないときをいう． $\square$

もちろん $\ell(\delta^m) = m\ell(\delta)$ である．$N(\gamma) = e^{\ell(\gamma)}$ とおき γ のノルムという．補題 5.14 から $N(\gamma)$ は γ を行列と見たときの固有値の絶対値の小さくない方の平方に等しい．さて，素元に関しての次の補題は基本的である．

補題 5.15 任意の $\gamma \in \Gamma$ に対して $\gamma = \delta^m$ となる素元 δ と $m \geq 1$ が一意的に定まる．δ^n $(n \in \mathbb{Z})$ たちは Γ の中で互いに共役ではなく，さらに γ の

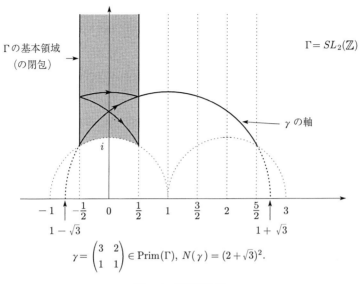

図 5.9 素閉測地線

中心化群 Z_γ は δ を生成元とする無限巡回群である：
$$Z_\gamma = Z_\delta = \{\delta^n \mid n \in \mathbb{Z}\}.\qquad \square$$
詳しい証明は省略するが，おおよそ以下のことがポイントになる：γ に対し，軸 $C(\gamma)$ を固定する Γ の部分群 Δ_γ は，$C(\gamma)$ に不連続に作用する．したがって，Δ_γ を $C(\gamma)$ に制限した群は $\mathbb{R}^1$ の格子となる．$\mathbb{R}^1$ の格子には生成元(最小元)が存在するから，それを与える Δ_γ の2つの元のうちのどちらかが目的の素元 δ である．また，$Z_\gamma = \Delta_\gamma$ である．

いま，話を簡単にするために，Γ の基本領域はコンパクトであるとしよう．次の系は，Γ の素元がどのくらい分布しているかを大雑把に把握するのに役立つ．

系 5.16 $\Gamma \backslash H$ はコンパクトであるとする．$z \in H$ と非負整数 m に対して
$$\Gamma_m = \{\gamma \in \Gamma \mid m \leq d(z, \gamma.z) \leq m+1\}$$
とおく．このとき z に依存しない定数 C が存在して $\#\Gamma_m \leq Ce^m$ が成り立つ．

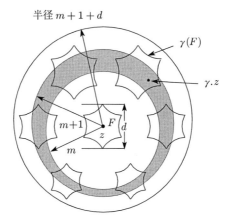

図 5.10 基本領域のコピーのイメージ図

[証明] Γ の基本領域 $F(\cong \Gamma\backslash H)$ を, 点 z を含むように選ぶ. F の直径を d とする. F を γ で移動した $\gamma(F)$ は, 中心が z で半径が $m+1+d$ の円板に含まれている. ところで, これらの領域 $\gamma(F)$ は互いに重複することはないので, 図 5.10 の概念図より

$$\#\Gamma_m \times \mu(F) \leq 円板の面積 \stackrel{\blacklozenge}{=} 2\pi(\cosh(m+1+d)-1)$$

がわかる. よって示された. ∎

問 **5.4** 不定積分の公式
$$\int \frac{d\theta}{\sin^2\theta + a^2} = \frac{1}{a\sqrt{a^2+1}}\mathrm{Arctan}\left(\frac{\sqrt{a^2+1}\tan\theta}{a}\right) \quad (a>0)$$
を用いて, 円板の面積を表す式 ♦ をたしかめよ.

この系から
$$\sum_{m=0}^{N} \#\Gamma_m \leq C\sum_{m=0}^{N} e^m = C\frac{e^{N+1}-1}{e-1}$$
であるので, 補題 5.15 から容易に, 長さ $\ell(\delta)$ が L 以下の素元 δ の個数は Ce^L 以下であることが導かれる.

問 **5.5** これをたしかめよ.

素数定理を思い出そう. それは x 以下の素数の個数を $\pi(x)$ と表すとき

(PT) $$\pi(x) \sim \frac{x}{\log x} \quad (x \to \infty)$$

というものである．$\pi(x)$ をなんらかの形で x の式で表したい，たとえ x の知られている関数での表示は無理にしても，と考えるのは，無限にある素数を勘定したいと思ったら誰でも望むことであろう．しかし現在のところ，誤差の評価を付け加えたより精密な形での素数定理は得られているものの，究極と考えられている結果にまでは到達していないのはすでに述べたとおりである．その一方で，素な閉測地線や素元の長さ・ノルムの分布は，素数の場合との驚くほど見事な類似性がみられるという発展があった．じっさい素元についても(PT)がそっくりそのまま成立する．この点を，リーマンゼータ関数とセルバーグゼータ関数を対比しながら述べるのが本節の目的である．また，いつの日にか，類似性を逆に利用したリーマン予想証明のたしかな道が見つかることも期待したい．

さて，すべての話の出発点に次がある．1737 年にオイラーは次のことを発見した[7]．$f:\mathbb{N}\to\mathbb{C}$ を乗法的な関数，つまりすべての自然数 m,n に対して $f(mn)=f(m)f(n)$ を満たすものとしよう．$f(m)=m^{-s}$ が典型例である．もし，級数 $\sum_{m=1}^{\infty} f(m)$ が絶対収束するならば

$$\sum_{m=1}^{\infty} f(m) = \prod_{p:\text{素数}} \frac{1}{1-f(p)}$$

が成立する．

つまりここで，素因数分解の一意性の解析的表現が得られたのであった．一般に素元に対する右辺のような無限積をその名にちなんでオイラー積とよぶ．オイラーはこの関係式を用いて，素数が無限個あることの単なる別証ではなく，その後の数学の発展につながる本格的な新証明を見つけた．

(b) セルバーグ跡公式とセルバーグゼータ関数

Γ を $PSL_2(\mathbb{R})$ の離散部分で商 $\Gamma\backslash PSL_2(\mathbb{R})$ が有限の体積(面積)をもつものとする．$\chi:\Gamma\to U(N)$ を Γ の有限次元ユニタリ表現とする．このときセルバーグのゼータ関数 $Z_\Gamma(s,\chi)$ をオイラー積

$$Z_\Gamma(s,\chi) = \prod_{P \in \mathrm{Prim}(\Gamma)} \prod_{n=0}^{\infty} \det(1 - \chi(P)N(P)^{-s-n}) \quad (\mathrm{Re}(s) > 1)$$

で定義する.リーマンゼータ $\zeta(s)$ が素な点のオイラー積であったことと比較すると, $Z_\Gamma(s,\chi)$ は弦(ひも)のゼータと見ることができ,超弦理論との関係も深い[5],[43].さて, $Z_\Gamma(s,\chi)$ の重要な諸性質を導くには跡公式が必要である.跡公式とは非可換版のポアソンの和公式と考えられ,その美しさと実用性はまだまだ測り知れない.いま話を簡単にするために, $\Gamma \backslash PSL_2(\mathbb{R})$ がコンパクトかつ,ねじれのない(単位元以外は有限位数の元がない)離散群 Γ を考えることとし, χ は自明表現 $\mathbf{1}$ であるとしよう.この仮定は Γ が(単位元を除いて)双曲元だけからなる群であることを意味している.このとき跡公式は次の形になる.

定理 5.17(跡公式) h を $|\mathrm{Im}(r)| \le \frac{1}{2} + \varepsilon$ ($\exists \varepsilon > 0$) の近傍で正則な偶関数でこの帯領域で一様に $h(r) = O((1+|r|^2)^{-1-\varepsilon})$ であるとする. g を h のフーリエ像 $g(u) = \frac{1}{2\pi}\int_{-\infty}^{\infty} e^{-iru}h(r)dr$ とする.さらに $\gamma \in \Gamma$ に対して $\gamma = \gamma_p^m$ ($\exists m \ge 1$) と一意的に定まる素元を γ_p とするとき

$$\Lambda(\gamma) = \log N(\gamma_p) = \ell(\gamma_p)$$

とおく.このとき次が成立する.

$$\sum_{n=0}^{\infty} h(r_n) = \frac{\mu(\Gamma \backslash H)}{4\pi} \int_{-\infty}^{\infty} h(r) r \tanh(\pi r) dr$$
$$+ \sum_{\gamma \in \mathrm{Conj}(\Gamma)} \frac{\Lambda(\gamma)}{N(\gamma)^{1/2} - N(\gamma)^{-1/2}} g(\log N(\gamma)).$$

ただし右辺の $\mathrm{Conj}(\Gamma)$ は Γ の単位元以外の共役類を表し,左辺の r_n は $\Gamma \backslash H$ のラプラシアン Δ_Γ の固有値 $0 \le \lambda_0 \le \lambda_1 \le \lambda_2 \le \ldots$ に対して次式で定まる量である.

$$r_n = \begin{cases} i\sqrt{\frac{1}{4} - \lambda_n} & \left(0 \le \lambda_n \le \frac{1}{4} \text{ のとき}\right) \\ \sqrt{\lambda_n - \frac{1}{4}} & \left(\lambda_n \ge \frac{1}{4} \text{ のとき}\right) \end{cases}$$

($\chi = \mathbf{1}$ のときは $\lambda_0 = 0$ であり,定数関数が固有関数である).両辺は絶対

収束しており,右辺の第 2 項は以下のようにも表される.

$$\frac{1}{2} \sum_{\delta \in \mathrm{Prim}(\Gamma)} \sum_{k=1}^{\infty} \frac{\ell(\delta)}{\sinh\bigl(\ell(\delta^k)/2\bigr)} g(\ell(\delta^k)). \qquad \square$$

跡公式の右辺第 1 項は単位元(の共役類)の寄与を表している. $SL_2(\mathbb{R})$ の部分群 $SO(2) = \{\mathbb{R}^2$ の原点のまわりの回転の行列$\}$(2 次の特殊直交群)を考えると,上半平面 H は等質空間 $H = SL_2(\mathbb{R})/SO(2)$ と見られる(5.3 節参照). H 上の関数で左からの $SO(2)$ の作用で不変な関数(で無限遠方で速く減少するような) f を考えると,跡公式の h は f の球フーリエ変換(非可換フーリエ変換) $\tilde{f}$ に相当し,よって

$$f(e) = \frac{1}{2\pi} \int_{-\infty}^{\infty} \tilde{f}(r) r \tanh(\pi r) dr$$

と展開(復元)されることが $SL_2(\mathbb{R})$ の表現論・調和解析の研究で知られている[9]. このことから,跡公式の第 1 項の積分に現れた $(1/2\pi) r \tanh(\pi r) dr$ は**プランシュレル測度**と呼ばれていて,セルバーグゼータ関数のガンマ因子を与える基礎になっている[23]. 導出には非可換解析を使うのに,跡公式には不思議なことに,球フーリエ変換が明示的には現れていないようにも見えるかも知れない. 単位元の寄与のところだけに,ほのかに非可換性が見えているのも興味深い.

ところで「跡公式」なる名称であるが,それはもちろん,ある作用素(無限次行列)のトレースを計算することからきている. 実際,上記のような関数 f に対して,次の合成積から定義される作用素 $R(f)$

$$(R(f)\varphi)(g.i) = \int_H f(z) \varphi(gz) \frac{dxdy}{y^2} \qquad \bigl(\varphi \in C_0^{\infty}(\Gamma\backslash H)\bigr)$$

の両辺のトレースをふた通りで計算した結果なのである. 一方が, Δ_Γ のスペクトルについてであり(解析的), もう一方が Γ の共役類(軌道を考えるという意味で幾何学的)の和に対応している.

また, Γ が双曲的共役類しかもたないので, とくにカスプがない. カスプがあるとき, すなわち $\Gamma\backslash G$ がコンパクトでないときは, 跡公式において連続スペクトルの寄与が現れてくる.

ここでは記述を簡単にするために,表現 χ が自明なときのセルバーグゼータ関数 $Z_\Gamma(s) := Z_\Gamma(s, \mathbf{1})$ についてのみその性質を導くことにする.そうでない場合もほとんど同様である.跡公式を利用して $Z_\Gamma(s)$ の解析接続を行うことについては,もともとのセルバーグの方法,ヘジャールによるもの[12]のほか[54]や最近レゾルベント跡公式の応用として得られた[11]などがある.いずれも解析接続を得るための表示式が異なりそれぞれの利点があるが,ここでは[12]の方法を紹介する.

まずオイラー積表示を対数微分し,そこで補題 5.15 を用いれば,等比級数の公式から

($\heartsuit$) $\qquad \dfrac{Z'_\Gamma(s)}{Z_\Gamma(s)} = \displaystyle\sum_{\gamma \in \mathrm{Conj}(\Gamma)} \dfrac{\Lambda(\gamma)}{N(\gamma)^{1/2} - N(\gamma)^{-1/2}} \dfrac{1}{N(\gamma)^{s-1/2}}$

である.

じっさい,($\heartsuit$) は次のように示される.オイラー積の対数をとると

$$\log Z_\Gamma(s) = \sum_{P \in \mathrm{Prim}(\Gamma)} \sum_{n=0}^\infty \log\left(1 - N(P)^{-s-n}\right)$$

であるから,

$$\begin{aligned}
\dfrac{Z'_\Gamma(s)}{Z_\Gamma(s)} = \dfrac{d}{ds}\log Z_\Gamma(s) &= \sum_P \sum_{n=0}^\infty \dfrac{\log N(P) \cdot N(P)^{-s-n}}{1 - N(P)^{-s-n}} \\
&= \sum_P \log N(P) \sum_{n=0}^\infty \sum_{k=1}^\infty N(P^k)^{-s-n} \\
&= \sum_{\gamma \in \mathrm{Conj}(\Gamma)} \sum_{n=0}^\infty \Lambda(\gamma) N(\gamma)^{-s-n} \\
&= \sum_{\gamma \in \mathrm{Conj}(\Gamma)} \Lambda(\gamma) \dfrac{N(\gamma)^{-s}}{1 - N(\gamma)^{-1}}
\end{aligned}$$

となる.これは ($\heartsuit$) の右辺に他ならない.

$N(\gamma) = e^{\ell(\gamma)}$ であったことを思い出そう.そこで,$N(\gamma)^{-s} = e^{-s\ell(\gamma)}$ がフーリエ変換の像となるような関数 $h(r)$ が欲しい.$\dfrac{1}{r^2 + \alpha^2}$ をフーリエ変換すると $\dfrac{1}{2\alpha} e^{-\alpha |u|}$ となりちょうどよいのだが,これでは跡公式の増大度条件に合わない.そこで,工夫をして

$$h(r) = \frac{1}{r^2 + \alpha^2} - \frac{1}{r^2 + \beta^2}$$

をとることにする．このとき

$$g(u) = \frac{1}{2\alpha} e^{-\alpha|u|} - \frac{1}{2\beta} e^{-\beta|u|}$$

である．いま，β は $\mathrm{Re}(\beta)>1$ として固定しておく．単位元の寄与の部分を留数解析でこなせば(問 5.6)，$\alpha = s - \dfrac{1}{2}$ とおいたとき跡公式により次が従う．
(♠)

$$\frac{1}{2s-1} \frac{Z'_\Gamma(s)}{Z_\Gamma(s)} = \frac{1}{2\beta} \frac{Z'_\Gamma\left(\frac{1}{2}+\beta\right)}{Z_\Gamma\left(\frac{1}{2}+\beta\right)} + \sum_{n=0}^\infty \left\{ \frac{1}{r_n^2 + \left(s-\frac{1}{2}\right)^2} - \frac{1}{r_n^2 + \beta^2} \right\}$$

$$+ \frac{\mu(\Gamma\backslash H)}{2\pi} \sum_{k=0}^\infty \left\{ \frac{1}{\beta + \frac{1}{2} + k} - \frac{1}{s+k} \right\}.$$

これでセルバーグゼータの対数微分の解析接続ができた．右辺の級数は，明らかな極 $s = \dfrac{1}{2} \pm ir_n \, (n \geq 0), \, s = -k \, (k \geq 0)$ を除き全平面 $\mathbb{C}$ で広義一様絶対収束しているので，有理型関数を定めている．ところでリーマン面 $\Gamma\backslash H$ の穴の数(種数)を g とすると，ガウス-ボンネの定理から $\mu(\Gamma\backslash H) = 4\pi(g-1)$ となる(問 5.2 を参照)．よって $Z'_\Gamma(s)/Z_\Gamma(s)$ の留数はすべて正整数である．したがって，セルバーグゼータ関数の主な解析的性質を (♠) を利用して読み取ることは難しくない．

定理 5.18 $Z_\Gamma(s)$ は以下の性質をもつ．
(1) 整関数である．
(2) $s = -k \, (k \geq 1)$ で $2(g-1)(2k+1)$ 位の自明な零点をもつ．
(3) $s = 0$ は $2g-1$ 位の零点である．
(4) $s = 1$ は 1 位の零点である．
(5) 非自明な零点は $s = \dfrac{1}{2} \pm ir_n \, (n \geq 1)$ に限る．
(6) 以上に挙げた零点以外に $Z_\Gamma(s)$ は零点をもたない．したがって $Z_\Gamma(s)$ は，有限個の例外を除いてリーマン予想を満たす．とくに $\mathrm{Re}(s) > 1$ で

は零点をもたない.

(7) 次の関数等式が成立する:
$$Z_\Gamma(1-s) = \exp\left\{-\mu(\Gamma\backslash H)\int_0^{s-1/2} r\tan(\pi r)dr\right\}Z_\Gamma(s). \qquad\Box$$

問 5.6 単位元の寄与の部分を計算し (♠) を導け.

非自明な零点の位数については,少なくとも有界であろうと予想されているが現在のところ未解決である.これについては『数学研究法』[31]や[28]を参照されたい.

離散群 Γ として $\Gamma = SL_2(\mathbb{Z})$ を考えると,$\Gamma\backslash H$ は面積は有限であるがコンパクトにはならない.したがって,跡公式には連続スペクトルの寄与が現れ,解析が難しくなる面がある(と同時に,おもしろい面も出てくる)ことは前にも指摘したとおりである.しかしその場合にも,素双曲的共役類に関するオイラー積でセルバーグゼータ関数 $Z_{SL_2(\mathbb{Z})}(s)$ は定義できている.この場合,ラプラシアン Δ_Γ の固有値について,$n \geq 1$ のとき $\lambda_n \geq \dfrac{1}{4}$ ($\Delta_\Gamma - \dfrac{1}{4}$ の正値性)が知られているので,r_n ($n \geq 1$) はすべて実数である.したがって $Z_{SL_2(\mathbb{Z})}(s)$ については,$0 < s < 1$ における有限個の例外もなく完璧にリーマン予想が成り立つ.

5.3 節で確かめるように,ラプラシアン Δ_Γ は,$\mathfrak{sl}_2(\mathbb{R})$ のカシミール元からきている.カシミール元は中心元であったから,$L^2(\Gamma\backslash G)$ を G の表現として既約分解したときの既約部分空間の上でスカラー作用素となる.これはシューアの補題から従う事実である.$H = G/K = SL_2(\mathbb{R})/SO(2)$ と思えるので,このことは,Δ_Γ の固有関数とは,$L^2(\Gamma\backslash G)$ の各既約部分空間における右 K 不変ベクトルに他ならないことを示している.

定理 5.18 とは少し違った観点から $Z_\Gamma(s)$ の性質について述べておこう.

定理 5.19 (1) 直和表現に関し次が成り立つ.
$$Z_\Gamma(s, \chi_1 \oplus \chi_2) = Z_\Gamma(s, \chi_1)Z_\Gamma(s\chi_2).$$

(2) Γ' を Γ の指数有限な部分群とする.χ' を Γ' の有限次元ユニタリ表現とし $\chi = \mathrm{Ind}_{\Gamma'}^{\Gamma} \chi'$ を Γ への誘導表現とするとき次の関係が成り立つ.

$$Z_{\Gamma'}(s, \chi') = Z_\Gamma(s, \chi).$$

とくに Γ' が Γ の正規部分群であれば

$$Z_{\Gamma'}(s) = \prod_{\psi \in \widehat{\Gamma'\backslash\Gamma}} Z_\Gamma(s, \psi)^{\dim \psi}.$$

ただし $\widehat{\Gamma'\backslash\Gamma}$ は,有限群 $\Gamma'\backslash\Gamma$ の既約表現(の同値類)の集合を表す.ψ はちょうど Γ の既約表現(の同値類)で Γ' 上自明なものを考えていることに他ならない. □

はじめの主張はオイラー積による定義から明らかであり,2番目についてはやはり対数微分を考えて群論的な考察をすれば容易に証明できる.またこの定理を用いることで,次節で述べる素測地線定理と同様にディリクレの算術級数定理の素測地線版も得られる [32].

(c) 素数定理と素測地線定理

セルバーグゼータ関数の変数を 1 だけずらした比を考えよう.

$$\zeta_\Gamma(s) = Z_\Gamma(s+1)/Z_\Gamma(s)$$

とおくと,$Z_\Gamma(s)$ のオイラー積表示より

(♭) $$\zeta_\Gamma(s) = \prod_{P \in \mathrm{Prim}(\Gamma)} (1 - N(P)^{-s})^{-1} \quad (\mathrm{Re}(s) > 1)$$

となり,リーマンのゼータ関数と似てくる.また $\zeta_\Gamma(s)$ は $Z_\Gamma(s)$ とは違い,零点だけでなく,たとえば $s=1$ で $\zeta(s)$ のように極ももつ(図 5.11).

$\zeta_\Gamma(s)$ の対数をとると,$s > 1$ のとき $\log\left(\dfrac{1}{1-N(P)^{-s}}\right) \leq \dfrac{1}{1-N(P)^{-s}}$ だから

$$\log \zeta_\Gamma(s) = \sum_P \log\left(\frac{1}{1-N(P)^{-s}}\right) \leq \frac{N_0}{N_0 - 1} \sum_P N(P)^{-s}$$

となり,定理 5.17 の主張から $s \to 1$ のとき $\log \zeta_\Gamma(s) \to \infty$ である.ただし,$N_0(>1)$ はノルムの最小値である.つまり,素元(素な共役類)は無数にあり,しかもすべての共役類中かなりの割合で存在していることがわかる.このようにして素元が無数にあることをたしかめることができたが,オイラーが,素数が無限個ありしかも自然数の中で相当な割合で現れるという事実を証明

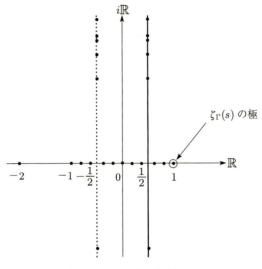

図 5.11 $\zeta_\Gamma(s)$ の極と零点

した新方法とは,まさしくこれであった.すなわちリーマンゼータ関数 $\zeta(s)$ に関する同様な性質

$$2\sum_p p^{-s} \geq \sum_p \log\left(\frac{1}{1-p^{-s}}\right) = \log\zeta(s) \to \infty \quad (s \to 1)$$

に着目し,言い換えれば

$$\sum_{p:\text{素数}} \frac{1}{p} = \infty$$

を見たのである.

本節ではこれらのゼータ関数の性質から,素数定理および素測地線定理がまったく同一の方法で得られることを示す.まず,フォン・マンゴルトの関数 Λ を思い出そう.

$$\Lambda(n) = \begin{cases} \log p & (n \text{ が素数 } p \text{ のべき, } n = p^m \, (m \geq 1) \text{ のとき}) \\ 0 & (\text{その他}). \end{cases}$$

さきに定理 5.17 の中で,$\gamma \in \Gamma$ に対して同じ記号 Λ を用いたのは,ほかで

もないフォン・マンゴルトの記号を流用したのである．以下では統一的に扱うために，

$$N(P) = \begin{cases} p & (P = p : \text{素数のとき}) \\ N(\gamma_p) & (P = \gamma_p : \Gamma \text{ の素な共役類のとき}) \end{cases}$$

とおく．「素元」で素数と Γ の素な共役類を同時に表すことにしよう．したがって，文脈に応じて，文字 γ で Γ の共役類を表したり，整数を表したりする．もちろん $\gamma = n \in \mathbb{N}$ のときには $N(\gamma) = n$ である．このような了解のもとで，$\zeta_*(s)$ は $\zeta(s)$ あるいは $\zeta_\Gamma(s)$ を表すこととする．以下の性質は $\zeta(s)$ の場合にはよく知られており，また $\zeta_\Gamma(s)$ の場合にも，$\Gamma \backslash H$ がコンパクトの場合には定理 5.18 よりただちにわかる．$\Gamma \backslash H$ がコンパクトでない場合にも，$Z_\Gamma(s)$ に関して同様の定理が成り立つ（たとえば Venkov [52]を参照）のでよい．

補題 5.20 $\text{Re}(s) > 1$ において

$$-\frac{\zeta'_*(s)}{\zeta_*(s)} = f(s) + \frac{1}{s-1}$$

とかける．ここに $f(s)$ は，$\text{Re}(s) \geq 1$ を含むような，ある領域で正則な関数である． □

さて，上で述べた約束のもとで

$$\pi(x) = \sum_{\substack{P: \text{素元} \\ N(P) \leq x}} 1 = \#\{P : \text{素元} \mid N(P) \leq x\}$$

と定義する．$\pi(x)$ の $x \to \infty$ での値を評価することが目標である．素数のときは当たり前だが，Γ の素元の場合も $\pi(x) = O(x)$ であることは上半平面 H のおおらかな幾何的補題 5.20 から既知である．実は跡公式におけるテスト関数の増大度条件は，この事実からの要請でもある．よって興味は，全体からみた素元の密度 $\dfrac{\pi(x)}{x}$ を求めることにある．

そのために次のチェビシェフ関数の類似を導入する：

$$\Theta(x) = \sum_{\substack{P: \text{素元} \\ N(P) \leq x}} \log N(P),$$

$$\Psi(x) = \sum_{N(\gamma) \leq x} \Lambda(\gamma).$$

$\zeta_*(s)$ のオイラー積の対数微分を考えて

$$-\frac{\zeta_*'(s)}{\zeta_*(s)} = \sum_{P:\text{素元}} \sum_{m=1}^{\infty} N(P)^{-ms} \log N(P) = \sum_{\gamma} N(\gamma)^{-s} \Lambda(\gamma)$$
$$= \int_1^{\infty} x^{-s} d\Psi(x) = \int_0^{\infty} e^{-st} d\Psi(e^t).$$

最後の積分は,スチルチェス積分であり,有界変動関数 α に対して

$$\int_a^b \varphi(x) d\alpha(x) := \lim_{\delta \to 0} \sum_{j=0}^{n-1} \varphi(\xi_j)(\alpha(x_{j+1}) - \alpha(x_j))$$

と定義されるものである.ただし $a = x_0 \leq x_1 \leq \ldots \leq x_n = b$ は, $\max_j |x_{j+1} - x_j| \leq \delta$ となるように区間 $[a, b]$ を分割し, ξ_j は $x_j \leq \xi_j \leq x_{j+1}$ を満たす. α が微分できるときは $d\alpha(x) = \alpha'(x) dx$ である.スチルチェス積分についても,部分積分の公式が成り立つ.したがって, $\Psi(1) = 0$ と, $\pi(x) = O(x)$ から容易に従う事実 $\lim_{t \to \infty} e^{-st} \Psi(e^t) = 0 \, (\text{Re}(s) > 1)$ に注意すると

(♣) $$-\frac{\zeta_*'(s)}{\zeta_*(s)} = s \int_0^{\infty} e^{-st} \Psi(e^t) dt$$

がわかる.

$\pi(x)$ の評価のために,次のウィナー-池原のタウバー型定理を引用する.証明は,たとえば Widder "The Laplace Transform"[56]に詳しい.

定理 5.21 $g(t)$ を $t \geq 0$ で定義された非負かつ非減少な関数とする. $\text{Re}(s) > 1$ を含む領域で, $\int_0^{\infty} e^{-st} g(t) dt$ が $\text{Re}(s) \geq 1$ 上で連続な関数 $f(s)$ を用いて

$$\int_0^{\infty} e^{-st} g(t) dt = \frac{1}{s-1} + f(s)$$

と表されるならば

$$g(t) \sim e^t \quad (t \to \infty)$$

が成り立つ. □

補題 5.20 で述べた事実と (♣) から,定理 5.21 により $\Psi(e^t) \sim e^t$,すな

わち

($\diamond$) $\qquad\qquad\qquad \Psi(x) \sim x \quad (x \to \infty)$

が得られた.もうここからの話は簡単である.まず,$\Psi(x)$ と $\Theta(x)$ の差に注目する.いま,最小ノルム N_0 に着目する.N_0 は,たとえば素数の場合は $N_0 = 2$ であり,$\mathrm{Prim}(SL_2(\mathbb{Z}))$ のときは $N_0 = N\left(\begin{pmatrix} 2 & 1 \\ 1 & 1 \end{pmatrix}\right) = \left(\dfrac{3+\sqrt{5}}{2}\right)^2$ である.そこで $N_0^m \leq x$ を満たすような最大整数 m を m_x で表すことにすると

$$\Psi(x) - \Theta(x) = \sum_{\substack{m \geq 2 \\ P:\text{素元}}} \sum_{N(P)^m \leq x} 1 = \sum_{m=2}^{m_x} \Theta(x^{1/m})$$

が成り立つ.明らかに

$$\Theta(x^{1/m}) \leq \Theta(x^{1/2}) \leq \Psi(x^{1/2}) = O(x^{1/2})$$

であるから,結局 ($\diamond$) により

$$\Theta(x) \sim x \quad (x \to \infty)$$

がわかる.そこで再度,部分積分を利用すると

$$\pi(x) = \sum_{\substack{P:\text{素元} \\ N(P) \leq x}} 1 = \int_{N_0 - 1/2}^{x} \frac{d\Theta(t)}{\log t} = \frac{\Theta(x)}{\log x} + \int_{N_0 - 1/2}^{x} \frac{\Theta(t)}{t(\log t)^2} dt$$

となり,$\pi(x) \sim \dfrac{x}{\log x}$ が示された.これで素元定理(PT)の証明を終る.

□

ここでは,誤差項の評価がついたより詳しい素元定理については述べないが,それもかなりは可能である.じっさい離散群 Γ の素元定理の場合は,剰余項に現れるべきの値は,Δ_Γ の最小固有値の値に深く関係する.これはちょうど,リーマンの素数公式により導かれる本来のリーマン予想と究極の素数定理である素数公式(6.5節参照)(最良な評価であることは確認されている)と呼ばれるものとの同値性と似ている.

参考までに,先に少しふれたディリクレ型の素元定理の特別の場合を紹介しておこう[32].

$$\sum_{\substack{P \equiv I \pmod{n} \\ N(P) \le x}} 1 = \#\{P \in \mathrm{Prim}(PSL_2(\mathbb{Z})) \mid P \in \Gamma(n), N(P) \le x\}$$

$$\sim \frac{1}{\#PSL_2(\mathbb{Z}/(n))} \cdot \frac{x}{\log x} \quad (x \to \infty).$$

(d) 不定値原始 2 元 2 次形式の分布

素元定理の整数論への応用のひとつとして,ここでは不定値 2 元 2 次形式の原始類の個数への応用を述べよう [45], [42].

以下 $\Gamma = SL_2(\mathbb{Z})$ とする.

整数 a, b, c に対して 2 元 2 次形式 $[a, b, c]$ を

$$[a, b, c] = ax^2 + bxy + cy^2$$

で定義する. 最大公約数 (a, b, c) が 1 で,判別式 $D := b^2 - 4ac$ が正であるとき $[a, b, c]$ を不定値原始 2 元 2 次形式という. $\gamma = \begin{pmatrix} s & t \\ u & v \end{pmatrix} \in \Gamma$ が定める 1 次変換

$$\begin{cases} x' = sx + ty \\ y' = ux + vy \end{cases}$$

を代入することによって $[a, b, c]$ は他の 2 次形式 $[a', b', c']$ に移る. このように 2 つの 2 次形式が Γ の元で移り合うとき $[a, b, c]$ と $[a', b', c']$ は同値であるといい,$[a, b, c] \sim [a', b', c']$ と書く. 関係 $\sim$ は不定値原始 2 元 2 次形式の同値類を定める. 同じ類に属する 2 次形式の判別式は明らかに等しく,同一の判別式 D をもつ類の個数は有限である. そこでこの個数を $h(D)$ と書く. $h(D)$ は,判別式 D の 2 元 2 次形式の(狭い意味での)類数と呼ばれる. D に対して,ペル方程式 $t^2 - Du^2 = 4$ の正の最小整数解(基本解)を (t_D, u_D) とする.

$$\varepsilon(D) = \frac{1}{2}(t_D + u_D\sqrt{D})$$

とおきこれを基本単数という. さて,類数 $h(D)$ について知ることはガウス以来の重要な問題である. じっさい,ガウスによって示唆され,のちにジー

ゲルによって確認された

$$\sum_{D \leq x} h(D) \log \varepsilon(D) = \frac{\pi^2 x^{3/2}}{18\zeta(3)} + O(x \log x)$$

などの評価がある．また，現在でもなお，$h(D) = 1$ なる類の個数は無限であろうというガウスによる予想は未解決である．

いま $[a, b, c]$ に対し，Γ の元 $M_{[a, b, c]}$ を次で定義する：

$$[a, b, c] \longmapsto M_{[a, b, c]} = \begin{pmatrix} \frac{1}{2}(t_D - bu_D) & -cu_D \\ au_D & \frac{1}{2}(t_D + bu_D) \end{pmatrix} \in \Gamma.$$

(t_D, u_D) の定義から $M_{[a, b, c]}$ が Γ の元であることは容易にわかる．また $\mathrm{tr}(M_{[a, b, c]}) = t_D > 2$ より $M_{[a, b, c]}$ は双曲元である．$M_{[a, b, c]}$ が 2 次形式 $[a, b, c]$ を不変にする元のなす Γ の部分群の生成元であることが確かめられる．こんどは逆に，

$$\gamma = \begin{pmatrix} s & t \\ u & v \end{pmatrix} \longmapsto \phi(\gamma) = \left[\frac{u}{m}, \frac{v-s}{m}, -\frac{t}{m}\right]$$

によって $\phi(\gamma)$ を定めると，簡単に $\phi(M_{[a, b, c]}) = [a, b, c]$ がわかる．ただし m は $(u, v-s, -t)$ の最大公約数である．さらに γ が素元であれば $M_{\phi(\gamma)} = \gamma$ でもある．したがって，1 対 1 対応

(♭)　　　$\mathrm{Prim}(\Gamma) \longleftrightarrow \{$ 不定値原始 2 元 2 次形式の同値類 $\}$

が得られる．これによって，素な双曲類 γ に判別式 D の原始 2 元 2 次形式が対応しているときには

$$M_{[a, b, c]} = \begin{pmatrix} \frac{1}{2}(t_D - bu_D) & -cu_D \\ au_D & \frac{1}{2}(t_D + bu_D) \end{pmatrix} \underset{\sim}{SL_2(\mathbb{R})} \begin{pmatrix} \varepsilon(D) & 0 \\ 0 & \varepsilon(D)^{-1} \end{pmatrix}$$

である．よって $N(\gamma) = \varepsilon(D)^2$ であり，また $h(D) = \#\{\gamma \in \mathrm{Prim}(\Gamma) \mid N(\gamma) = \varepsilon(D)^2\}$ がわかる．不定値原始 2 元 2 次形式の判別式 D の全体は，$D \equiv 0, 1 \pmod 4$ なる平方数でない正整数全体と一致するので

定理 5.22　(♭) で定義された $\zeta_{SL_2(\mathbb{Z})}(s)$ は次の表示をもつ．

$$\zeta_{SL_2(\mathbb{Z})}(s) = \prod_{\substack{D \equiv 0,1 \pmod 4 \\ D > 0 \\ D \neq 平方数}} (1 - \varepsilon(D)^{-2s})^{-h(D)}.\qquad\square$$

したがって, $SL_2(\mathbb{Z})$ に対する素元定理により

系 5.23

$$\sum_{\varepsilon(D) \leq \sqrt{x}} h(D) \sim \frac{x}{\log x} \qquad (x \to \infty).\qquad\square$$

この結果をはじめに示唆したのはセルバーグであり, 精密化・拡張がサルナック (P. Sarnak) によってなされた. ディリクレの算術級数型の素元定理のアイデアを用いて, 系とは反対に $h(D)$ についての和

$$\sum_{h(D)=N} \varepsilon(D)^{-s}$$

などが解析できれば嬉しいのであるが….

なおこの節で $\Gamma = SL_2(\mathbb{Z})$ としたのは, (♪) のような対応を得るためである. したがって Γ をかえれば, 対応 (♪) の右辺も変わり, 定理 5.22 や系 5.23 の類似が得られることになる.

5.3 カシミール効果とカシミール作用素の跡

ここでは, 双曲平面におけるカシミール効果とは何かについて考えることにする. そのためにまず, 上半平面 H でユークリッドラプラシアン Δ に対応するものは何かを考える. それは, 本質的に $SL_2(\mathbb{R})$ のカシミール元で与えられる H (そして $M = \Gamma \backslash H$) の双曲的ラプラシアンと呼ばれる作用素 $\Delta_{\mathcal{C}} = -y^2 \left(\frac{\partial^2}{\partial x^2} + \frac{\partial^2}{\partial y^2} \right)$ である.

以下でこのことを見てみよう. $G = SL_2(\mathbb{R})$ は1次分数変換を通して H に作用していた. 簡単な計算で $i \in H$ を固定する G の部分群は $K = SO(2) = \{g \in G \mid {}^t g g = I_2\}$ で与えられることがわかる. よって, $G/K \ni g \mapsto g.i \in H$ で H は G/K と同一視される. 実際,

$$\begin{pmatrix} 1 & x \\ 0 & 1 \end{pmatrix} \begin{pmatrix} y^{1/2} & 0 \\ 0 & y^{-1/2} \end{pmatrix} K.i = x + iy \quad (y > 0)$$

である．K が G の極大コンパクト群であることから，商空間 H はリーマン対称空間と呼ばれるものになっている．

問 5.7 G の部分群 N, A を次で定義する．

$$N = \left\{ n_x = \begin{pmatrix} 1 & x \\ 0 & 1 \end{pmatrix} \middle| x \in \mathbb{R} \right\}, \quad A = \left\{ a(y) = \begin{pmatrix} y^{1/2} & 0 \\ 0 & y^{-1/2} \end{pmatrix} \middle| y > 0 \right\}.$$

このとき G の任意の元 g は $g = n_x a(y) k_\theta \in NAK$ と一意的に分解されることを示せ．ただし，$k_\theta = \begin{pmatrix} \cos\theta & \sin\theta \\ -\sin\theta & \cos\theta \end{pmatrix} \in K$ であり，$x = x(g)$, $y = y(g)$, $\theta = \theta(g)$ は $g = \begin{pmatrix} a & b \\ c & d \end{pmatrix}$ のとき次で与えられる．

$$x(g) = \frac{ac + bd}{c^2 + d^2}, \quad y(g) = \frac{1}{c^2 + d^2}, \quad e^{-i\theta(g)} = \frac{ci + d}{\sqrt{c^2 + d^2}}.$$

この分解 $G = NAK$ を $G = SL_2(\mathbb{R})$ の**岩沢分解**という[ヒント：$(0,1)N = (0,1)$, $K.i = i$ を使うと計算がぐっと楽になる]．

ところで，リー環 $\mathfrak{g} = \mathfrak{sl}_2(\mathbb{R})$ の元 Y は，自然に対称空間 $H = G/K$ 上の微分作用素と考えられる．事実，G は H に左から作用しているので，Y から定まる H 上のベクトル場を $\tilde{Y}$ とすると，写像 $Y \mapsto \tilde{Y}$ は $\mathcal{U}(\mathfrak{g})$ から H 上の微分作用素環 $\mathcal{D}_H$ への逆同型に拡張できる．

いま，$z = z(0) \in H$ に対して，$e^{tY}.z = z(t) = x(t) + iy(t)$ と表すと，

$$(\tilde{Y}f)(z) = \frac{d}{dt} f(e^{tY}.z) \Big|_{t=0}$$

であるから，$\tilde{Y}$ は点 z において，次の表示をもつ．

$$\tilde{Y}_z = x'(0) \frac{\partial}{\partial x} + y'(0) \frac{\partial}{\partial y}.$$

そこで，$Y = H, E, F$ について計算すると，

$$\tilde{H} = 2\left(x\frac{\partial}{\partial x} + y\frac{\partial}{\partial y}\right),$$
$$\tilde{E} = \frac{\partial}{\partial x},$$
$$\tilde{F} = (y^2 - x^2)\frac{\partial}{\partial x} - 2xy\frac{\partial}{\partial y}$$

がわかる．これらの表示と，3.2 節で得たカシミール元の表示

$$\mathcal{C}_{\mathfrak{sl}_2} = \frac{1}{2}H^2 - H + 2EF$$

から次を得る．

定理 5.24

$$\tilde{\mathcal{C}}_{\mathfrak{sl}_2} = -2\Delta_{\mathcal{C}}, \quad \Delta_{\mathcal{C}} = -y^2\left(\frac{\partial^2}{\partial x^2} + \frac{\partial^2}{\partial y^2}\right).$$ □

問 5.8 $\tilde{H}, \tilde{E}, \tilde{F}$ の表示を確かめ，定理 5.24 を示せ．

以下では，$M = \Delta_{\mathcal{C}}$ を $\Gamma\backslash H$ 上の微分作用素と考え $\Delta_{\mathcal{C}} = \Delta_{\Gamma}$ と書くことにする．Γ は H に不連続に作用しているので，M の局所座標 $z = x + iy$ による Δ_{Γ} の表示は，定理 5.24 のままである．

そこでユークリッド時空におけるカシミールエネルギーを明示的に示す 2.3 節の (#) を振り返ってみよう．するといまの場合，形式的には

$$E_{\text{Casimir}}[M] = \frac{1}{2}\text{tr}\sqrt{M\text{のカシミール作用素}} - \frac{1}{2}\text{tr}\int_{1/4}^{\infty}\lambda^{1/2}dE_\lambda$$

によって $M = \Gamma\backslash H$ のカシミールエネルギーとするのがもっともだとわかる．ここで $\Delta_{\mathcal{C}} = \int_{1/4}^{\infty}\lambda dE_\lambda$ は，H のラプラシアン $\Delta_{\mathcal{C}}$ をスペクトル分解したものである．幸いなことにこれを解析する道具もじつは揃っている．プラナの和公式 (##) に対しては前に述べたセルバーグの跡公式がある．$M = \Gamma\backslash H$ はコンパクトなリーマン面とする．M は H の測地線で囲まれた多角形である．h をテスト関数，$\hat{h}$ でそのフーリエ変換を表すと，跡公式は

5.3 カシミール効果とカシミール作用素の跡

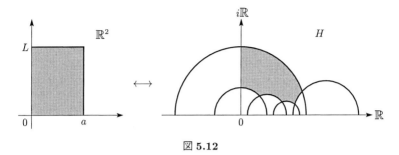

図 5.12

$$\sum_{j=0}^{\infty} h(r_j) - \frac{\mu(M)}{4\pi} \int_{-\infty}^{\infty} h(r) r \tanh(\pi r) dr$$
$$= \sum_{P \in \text{Prim}(\Gamma)} \sum_{n=1}^{\infty} \frac{\log N(P)}{N(P)^n - N(P)^{-n}} \hat{h}(n \log N(P)).$$

ただし $\mu(M)$ は M の面積であり, $r_j^2 = \lambda_j - \frac{1}{4}$ で λ_j は Δ_Γ の固有値である. また $\text{Prim}(\Gamma)$ は Γ の素元(素な共役類)の集合であり, $N(P)$ は α_P, β_P を P (を行列だと思って)の固有値としたとき $N(P) = \max\{|\alpha_P|^2, |\beta_P|^2\}$ で定まる P のノルムである. また左辺第 2 項は Γ の単位元の寄与を表している. ユークリッド空間においては, 偶関数 $F(x)$ に対して $\int_0^\infty F(x) dx = \hat{F}(0)$ は, $\mathbb{R}$ の離散部分群 $\mathbb{Z}$ の単位元の寄与を表していると考えられる. そこで 2.3 節の (#) の長方形の面積 La にあたるのがちょうど $\mu(M)$ である(図 5.12). つまり, 跡公式の左辺を 2.3 節の (#) の右辺に見立てるのである.

この節では, 以下の対応表を心にとめておくと理解しやすくなる.

	$\mathbb{R}^2$		H
	$\Delta = \dfrac{\partial^2}{\partial x^2} + \dfrac{\partial^2}{\partial y^2}$	$\longleftrightarrow$	$\Delta_\Gamma = -y^2 \left(\dfrac{\partial^2}{\partial x^2} + \dfrac{\partial^2}{\partial y^2} \right)$
	長方形とその面積	$\longleftrightarrow$	Γ の基本領域とその面積
	プラナの和公式	$\longleftrightarrow$	セルバーグ跡公式
	リーマンゼータ関数	$\longleftrightarrow$	セルバーグゼータ関数

われわれの興味は発散和 $\dfrac{1}{2}\sum_{k=1}^{\infty}\lambda_k^{1/2}$ の扱いにある．そのために Δ_Γ の L 関数を次で定義する．

$$L_\Gamma(s) = \frac{1}{\Gamma(s)}\int_0^\infty t^{s-1}\operatorname{tr} e^{-t\Delta_\Gamma}dt.$$

ガンマ関数の積分表示 $\Gamma(s) = \displaystyle\int_0^\infty e^{-t}t^{s-1}dt$ を用いた形式的計算から，上の発散和の真の意味は $L_\Gamma(s)$ を解析接続して得られる値 $\dfrac{1}{2}L_\Gamma\left(-\dfrac{1}{2}\right)$ だとするのが自然である．こうしてようやく M のカシミールエネルギーの定義に到達することができるのである．

定義 5.2 複素上半平面において，リーマン面 $M=\Gamma\backslash H$ で与えられる領域のカシミールエネルギーを

$$E_{\text{Casimir}}[M] = \frac{1}{2}L_\Gamma(s) - \frac{\mu(M)}{4\pi}\int_0^\infty \left(r^2+\frac{1}{4}\right)^{-s} r\tanh(\pi r)dr \Bigg|_{s=-1/2}$$

と定める．ただし右辺は，まず s の関数として解析接続し，それから $s=-\dfrac{1}{2}$ で値をとるものと解釈する． □

定義の表示から，$L_\Gamma(s)$ の有理型関数としての挙動は $\Gamma\backslash H$ 上の熱核 $\operatorname{tr} e^{-t\Delta_\Gamma}$ の $t\,(>0)$ が十分小さいときの漸近挙動から決まる．そのことを見てみよう．

$$\operatorname{tr} e^{-t\Delta_\Gamma} = \sum_{j=0}^\infty e^{-t\lambda_j} = \sum_{j=0}^\infty e^{-t(r_j^2+\frac{1}{4})}$$

である．急減少関数 $h(r)=e^{-t(r^2+\frac{1}{4})}$ を跡公式にあてはめてみると，よく知られた積分公式

(ロ) $$\frac{1}{2\pi}\int_{-\infty}^\infty e^{-t(r^2+\frac{1}{4})}e^{-i\ell r}dr = \frac{1}{\sqrt{4\pi t}}e^{-(\frac{t}{4}+\frac{\ell^2}{4t})}$$

によって次がわかる：

$$\begin{aligned}\operatorname{tr} e^{-t\Delta_\Gamma} =& \frac{\mu(M)}{4\pi}\int_{-\infty}^\infty e^{-t(r^2+\frac{1}{4})}r\tanh(\pi r)dr \\ &+ \frac{1}{2\sqrt{4\pi t}}\sum_{\delta\in\text{Prim}_\Gamma}\sum_{n=1}^\infty \frac{\ell(\delta)}{\sinh\left(\dfrac{n\ell(\delta)}{2}\right)}e^{-(\frac{t}{4}+\frac{n^2\ell(\delta)^2}{4t})}.\end{aligned}$$

この表示を注意深く観察すると，$t\to+0$ のとき

5.3 カシミール効果とカシミール作用素の跡

$$\mathrm{tr}\, e^{-t\Delta_\Gamma} = \frac{\mu(M)}{4\pi} \times \frac{1}{t} + \bigl(\text{正則部分}\bigr)$$

となることがわかる．単位元以外のすべての $\gamma \in \Gamma$ に対して $0 < \varepsilon_\Gamma < \ell(\gamma)$ となるような正数 ε_Γ が存在するので，$t \to \infty$ のときには $\mathrm{tr}\, e^{-t\Delta_\Gamma}$ は指数的に減少する．$L_\Gamma(s)$ は $\mathrm{tr}\, e^{-t\Delta_\Gamma}$ のメリン変換で定義されているから，以上よりとくに，$L_\Gamma(s)$ は $\mathrm{Re}(s) > 1$ で正則であり全平面に有理型に拡張されることがわかる．

ここで，$\Gamma\backslash H$ のテータ関数 $\theta_\Gamma(t)\,(t > 0)$ を次で定義する：

$$\theta_\Gamma(t) = \mathrm{tr}\, e^{-t\Delta_\Gamma} - \frac{\mu(M)}{4\pi} \int_{-\infty}^{\infty} e^{-t(r^2 + \frac{1}{4})} r\tanh(\pi r)dr.$$

上で求めた $\mathrm{tr}\, e^{-t\Delta_\Gamma}$ の表示から

$$\theta_\Gamma(t) = \frac{1}{2\sqrt{4\pi t}} \sum_{\delta \in \mathrm{Prim}_\Gamma} \sum_{n=1}^{\infty} \frac{\ell(\delta)}{\sinh\left(\dfrac{n\ell(\delta)}{2}\right)} e^{-\left(\frac{t}{4} + \frac{n^2 \ell(\delta)^2}{4t}\right)}.$$

である．$\theta_\Gamma(t)$ が $t \to +0, \infty$ のいずれの場合にも指数的に減少することは，直前の議論によってわかっている．この事実をふまえガンマ関数の積分表示を使えば以下のように，カシミールエネルギーが $\theta_\Gamma(t)$ のメリン変換の特殊値として求まる．

系 5.25 関数 $E(s)$ を

$$E(s) = L_\Gamma(s) - \frac{\mu(M)}{2\pi} \int_0^\infty \left(r^2 + \frac{1}{4}\right)^{-s} r\tanh(\pi r)dr$$

で定義する．次が成り立つ：

$$E(s) = \frac{1}{\Gamma(s)} \int_0^\infty t^{s-1} \theta_\Gamma(t)dt.$$

この表示は，$E(s)$ の全平面への有理型関数としての解析接続を与えている．とくにカシミールエネルギーは，

$$E_{\mathrm{Casimir}}[M] = \frac{1}{2} E(s)\Big|_{s=-1/2} = -\frac{1}{4\sqrt{\pi}} \int_0^\infty t^{-3/2} \theta_\Gamma(t)dt. \qquad \square$$

次に $E(s)$ を，セルバーグゼータ関数の対数微分 $\Psi_\Gamma(s) = \dfrac{d}{ds}\log Z_\Gamma(s)$ で

表すことを考えよう．定義を思い出しておこう．
$$Z_\Gamma(s) = \prod_{\delta \in \text{Prim}(\Gamma)} \prod_{n=0}^{\infty} (1 - N(\delta)^{-s-n}) \quad (\text{Re}(s) > 1).$$
したがって，
$$\Psi_\Gamma(s) = \frac{Z'_\Gamma(s)}{Z_\Gamma(s)} = \frac{1}{2} \sum_{\delta \in \text{Prim}(\Gamma)} \sum_{n=1}^{\infty} \frac{\ell(\delta)}{\sinh\left(\frac{n\ell(\delta)}{2}\right)} e^{-(s-1/2)n\ell(\delta)}$$
である．$N(\delta) = e^{\ell(\delta)}$ である．リーマンゼータ関数 $\zeta(s)$ がヤコビのテータ関数のメリン変換として得られることに似て，$\Psi_\Gamma(s)$ はテータ関数 $\theta_\Gamma(t)$ の 2 次のラプラス変換として得られる．じっさい跡公式から

補題 5.26 $\text{Re}(s) > 1$ において次が成立する．
$$\Psi_\Gamma(s) = (2s-1) \int_0^\infty \theta_\Gamma(t) e^{-s(s-1)t} dt.$$

[証明] $\Psi_\Gamma(s)$ と $\theta_\Gamma(t)$ のそれぞれの級数表示を用いて，積分公式 (♮) のフーリエ逆変換から得られる
$$\int_0^\infty \frac{1}{\sqrt{4\pi t}} e^{-(x^2 t + y^2/4t)} dt = \frac{1}{2x} e^{-xy} \quad (x > 0, \; y > 0)$$
を使えばよい．詳しくは読者にまかせる． ∎

第 2 章でみたように，ユークリッド時空ではカシミール効果は $\zeta(s)$ の特殊値で書けていた．リーマン面 $M = \Gamma \backslash H$ の場合にも，跡公式を使うと次のように $Z_\Gamma(s)$ の対数微分で表されることが示される．

定理 5.27 $\text{Re}(s) < 0$ のとき
$$E(s) = \frac{\sin(\pi s)}{\pi} \int_0^\infty (t^2 + t)^{-s} \Psi_\Gamma(t+1) \, dt$$
が成り立つ．とくに $M = \Gamma \backslash H$ のカシミールエネルギーは次のように与えられる．
$$E_{\text{Casimir}}[M] = -\frac{1}{2\pi} \int_0^\infty \sqrt{t^2 + t} \, \Psi_\Gamma(t+1) \, dt.$$

[証明] 後半のカシミールエネルギーの表示は前半より従う．よって最初

の等式を示す．まず，$Z_\Gamma(x)$ は $s=1$ で 1 位の零点をもつから，$x \to +0$ のとき $Z_\Gamma(x+1) \sim x$ であり，$x \to \infty$ のとき $Z_\Gamma(x+1) \to 1$ である．したがって $x \to +0$ のとき $\Psi_\Gamma(x+1) \sim 1/x$ であり，$x \to \infty$ のとき $\Psi_\Gamma(x+1,\chi) \to 0$ であることがわかる．いま $\mathrm{Re}(s) < 0$ であるとしよう．直前の補題 5.26 より

$$\int_0^\infty (x^2+x)^{-s} \Psi_\Gamma(x+1)\, dx$$
$$= \int_0^\infty \int_0^\infty (x^2+x)^{-s}(2x+1)e^{-x(x+1)t}\theta_\Gamma(t)\,dt\,dx$$
$$= \int_0^\infty \left(\int_0^\infty y^{-s} e^{-yt} dy\right)\theta_\Gamma(t)\,dt$$
$$= \Gamma(1-s)\int_0^\infty t^{s-1}\theta_\Gamma(t)\,dt$$

と計算されるので，ガンマ関数の反射公式 $\Gamma(s)\Gamma(1-s) = \dfrac{\pi}{\sin(\pi s)}$ と系 5.25 より定理の最初の式が証明された． ∎

カシミールエネルギーの表示をするためにこれまでに展開した手法を使えば，セルバーグゼータ関数の(リーマン予想成立を保証する)行列式表示

$$Z_\Gamma(s) = \text{ガンマ因子} \times \det\left(\Delta_\Gamma - \frac{1}{4} + \left(s - \frac{1}{2}\right)^2\right)$$

が得られることを注意しておく．無限次行列の行列式表示については，6.4 節を参照して欲しい．

上の定理では $Z_\Gamma(s)$ の対数微分を用いてカシミールエネルギーを表示したが，$Z_\Gamma(s)$ そのものでも表すことができる．

系 5.28

$$E_{\mathrm{Casimir}}[M] = \frac{1}{4\pi} \int_1^\infty (1-t^{-2})^{-1/2} \log Z_\Gamma\left(\frac{t+1}{2}\right) dt.$$

とくに

$$E_{\mathrm{Casimir}}[M] < 0$$

である．また $E_{\mathrm{Casimir}}[M]$ は，以下のような表示ももつ：

$$E_{\mathrm{Casimir}}[M] = \frac{1}{4\pi} \int_0^\infty \log Z_\Gamma\left(\cosh^2 \frac{y}{2}\right) d(\sinh y)$$

$$= -\frac{1}{4\pi} \sum_{n=0}^{\infty} \int_0^{\infty} \log \zeta_\Gamma \left(\cosh^2 \frac{y}{2} + n \right) d(\sinh y)$$

［証明］ $\Psi_\Gamma(t+1)$ の $t \to 0, \infty$ での挙動に注意して，定理 5.27 での表示から部分積分をすればよい．詳しい計算は読者に譲る．また $s > 1$ のとき $\log Z_\Gamma(s) < 0$ であるから $E_{\text{Casimir}}[M]$ が負であることは明らかである．最後の式は，$t = \cosh y$ と変数変換すれば容易に導くことができる． ∎

最後に述べた $E_{\text{Casimir}}[M]$ のセルバーグゼータによる美しい表示も堪能してほしい．ユークリッド時空におけるカシミールエネルギーが得られたとき，2.3 節では，カシミール力を単位エネルギーの平行板の距離 a に関する微分として求めた．ここでも，$\Gamma \backslash H$（あるいは Γ）をタイヒミュラー空間において微小に動かすことによってカシミール力が計算されるはずである．どうすればよいかは，読者の今後の研究に任せよう．

6

ゼータ関数の行列式表示とリーマン予想

ゼータ関数を最も明確に捉えた表示が行列式表示である．リーマン予想解明の鍵もここにある．この章では行列式表示の意義と，それから導かれるリーマン予想に関する現状を見る．

6.1 行列式表示とは？

いま，有限次の対角行列

$$\mathcal{D} = \begin{pmatrix} \alpha_1 & & 0 \\ & \ddots & \\ 0 & & \alpha_n \end{pmatrix}$$

があったとしよう．その固有多項式は

$$\det(\mathcal{D} - s) = (\alpha_1 - s)\cdots(\alpha_n - s)$$

と分解する．ここで，$\alpha_1,\ldots,\alpha_n$ は $\mathcal{D}$ の固有値(スペクトル)であり

$$\mathrm{Spect}(\mathcal{D}) = \{\alpha_1,\ldots,\alpha_n\}$$

と書かれる．この行列式 $\det(\mathcal{D}-s)$ は複素変数 s の関数と見ると多項式であり，零点を $s = \alpha_1,\ldots,\alpha_n$ においてもっている．また，$\mathcal{D}$ が ${}^t\overline{\mathcal{D}} = -\mathcal{D}$ を満たす，つまり $\mathcal{D}$ が歪エルミートのときには $\mathcal{D}$ の固有値はすべて純虚数になり，したがって，$\det(\mathcal{D}-s)$ の零点はすべて $\mathrm{Re}(s) = 0$ 上にのることになる．この様子は $\mathcal{D}$ が有限次行列なら対角行列と限らなくてもまったく同様であるし，無限次行列の場合でも適当な定式化をすれば，やはり言えることである．

ゼータ関数の行列式表示とは，ゼータ関数 $Z(s)$ を，一般には無限次の行列 $\mathcal{D}_1, \mathcal{D}_2$ を用いて

$$Z(s) = \frac{\det(\mathcal{D}_1 - s)}{\det(\mathcal{D}_2 - s)}$$

と表わすことである．この行列式表示はしばしば簡単に $Z(s) = \det(\mathcal{D}-s)$ と象徴的に書き表されることに注意したい．これによって

(1) $Z(s)$ は s の有理型関数になる
(2) $Z(s)$ の零点や極は $\mathcal{D}_1$ や $\mathcal{D}_2$ の固有値と解釈できる
(3) $Z(s)$ は，$\mathcal{D}_1$ と $\mathcal{D}_2$ が歪エルミート性やその変形版をもてば，関数等式およびリーマン予想の類似を満たす

などゼータ関数 $Z(s)$ に関する重要な性質が従うのである．なお，この性質

のうち (1) の有理型性や (3) の関数等式は，ときには行列式表示以外の積分表示等の方法により導き出すことができる——たとえばリーマンゼータ $\zeta(s)$ の場合がそうである——が，(1)〜(3) をすべて含む透明な方法は行列式表示しかない．$\mathcal{D}$ の典型的なものがカシミール元である．

さらに，忘れられがちなことであるが，行列式表示はリーマン予想だけに有効なのではない．ハッセゼータ関数やアルチン L 関数に対して行列式表示を与えれば解析接続や関数等式が示され，その結果ラングランズ予想(フェルマー予想はラングランズ予想のごく一部を証明したことから導かれた．行列式表示が与えられればフェルマー予想の別証明にもなる)，非可換類体論予想，アルチン予想など数論の難問も解決する．このように，行列式表示をできるだけ多くのゼータ関数に対して確立することが重要な問題である．行列式表示は対数をとると跡公式と同値になる．したがって，跡公式を十分に一般化することが大切になる．

6.2 群作用のゼータの行列式表示とリーマン予想

群 G と集合 X に対して

$$\begin{array}{ccc} G \times X & \longrightarrow & X \\ \cup & & \cup \\ (g, x) & \longmapsto & gx \end{array}$$

を群作用としよう．これは

$$\begin{cases} (g_2 g_1) x = g_2(g_1 x) \\ ex = x \end{cases}$$

がすべての $g_1, g_2 \in G$ と $x \in X$ に対して成り立つことを意味している．ただし，e は G の単位元を表している．

この節で考えるのは，とくに簡単な $G = \mathbb{Z}$ の場合である．これは

$$G = \langle \sigma \rangle = \{\sigma^m \mid m \in \mathbb{Z}\}$$

と書いてみると，σ が X の自己同型(つまり $\sigma: X \to X$ が全単射)ということと同じことである．このとき，ゼータ関数が

$$Z(u;\sigma,X) = \exp\left(\sum_{m=1}^{\infty} \frac{\#\mathrm{Fix}(\sigma^m)}{m} u^m\right)$$

と定義される．ここで

$$\mathrm{Fix}(\sigma^m) = \{x \in X \mid \sigma^m(x) = x\}$$

は固定点(不動点)集合であり，

$$\#\mathrm{Fix}(\sigma^m) < \infty$$

となっていると仮定しておこう．たとえば，X が有限集合なら σ は何であっても，そうなっている．また，u は絶対値が十分小さい複素数としよう．あるいは $Z(u;\sigma,X)$ を u の形式的べき級数と考えてもよい．次の定理が基本的である．

定理 6.1 (1)

$$Z(u;\sigma,X) = \prod_P \left(1 - u^{\ell(P)}\right)^{-1}.$$

ここで，P は有限軌道全体を動き，$\ell(P) = \#P$ である．

(2) $\#X = n < \infty$ なら

$$Z(u;\sigma,X) = \det(1 - M(\sigma)u)^{-1}.$$

ただし，$M(\sigma) = (\delta_{i\sigma(j)})_{i,j=1,\ldots,n}$ は σ の行列表示(置換行列)である．

［証明］ (1) 対数をとると左辺は

$$\log Z(u;\sigma,X) = \sum_{m=1}^{\infty} \frac{\#\mathrm{Fix}(\sigma^m)}{m} u^m$$

で，右辺は

$$\log\left(\prod_P (1-u^{\ell(P)})^{-1}\right) = -\sum_P \log(1-u^{\ell(P)})$$

$$= \sum_P \sum_{k=1}^{\infty} \frac{1}{k} u^{k\cdot\ell(P)}$$

$$= \sum_P \sum_{k=1}^{\infty} \frac{\ell(P)}{k\cdot\ell(P)} u^{k\cdot\ell(P)}$$

$$= \sum_{m=1}^{\infty} \frac{1}{m}\left(\sum_{\ell(P)|m} \ell(P)\right) u^m$$

となる($k\cdot\ell(P)$ を m と置いている)ので，(1) は

6.2 群作用のゼータの行列式表示とリーマン予想

$$\sum_{\ell(P)|m} \ell(P) = \#\mathrm{Fix}(\sigma^m)$$

を示せばよい．この等式が成り立つことは，対応

$$\mathrm{Fix}(\sigma^m) \longrightarrow \{P \mid \ell(P)|m\}$$
$$\cup \qquad\qquad\qquad\qquad \cup$$

$$\ell = \ell([x]) \text{ 個} \left\{ \begin{array}{c} x \\ \sigma(x) \\ \vdots \\ \sigma^{\ell-1}(x) \end{array} \right\} \longmapsto [x] = \{x, \sigma(x), \ldots, \sigma^{\ell-1}(x)\}$$

からわかる．

(2) $\#X = n$ であるとすれば，$X = \{1, 2, \ldots, n\}$, $\sigma \in \mathfrak{S}_n$ (n 次対称群) としてよい．置換行列は

$$M(\sigma) = (m_{ij})_{i,j=1,\ldots,m}, \qquad m_{ij} = \begin{cases} 1 & (i = \sigma(j)) \\ 0 & (i \neq \sigma(j)) \end{cases}$$

で与えられる．このとき

$$M : \mathfrak{S}_n \to GL_n(\mathbb{C})$$

は群の準同型(つまり群の表現)となる[問 6.1(1)]．

さて，

$$\log\left(\det(1 - M(\sigma)u)^{-1}\right) \underset{\text{問 6.1(2)}}{=} \sum_{m=1}^{\infty} \frac{\mathrm{tr}\,(M(\sigma)^m)}{m} u^m$$
$$\underset{\text{問 6.1(1)}}{=} \sum_{m=1}^{\infty} \frac{\mathrm{tr}\,(M(\sigma^m))}{m} u^m$$

であるから，**不動点定理**の形をした**跡公式**

$$\mathrm{tr}\,(M(\sigma^m)) = \#\mathrm{Fix}(\sigma^m)$$

を示せば (2) が証明される．この跡公式は

$$\text{左辺} = \sum_{i=1}^{n} \delta_{i\sigma^m(i)}$$

$$= \sum_{\substack{1 \le i \le n \\ i = \sigma^m(i)}} 1$$
$$= \#\{i = 1, \dots, n \mid \sigma^m(i) = i\}$$
$$= 右辺$$

と成り立つことがわかる.

問 6.1 (1) $M: \mathfrak{S}_n \to GL_n(\mathbb{C})$ が表現であることを示せ.

(2) $M \in \mathrm{Mat}_n(\mathbb{C})$ のとき,
$$\log \det(1 - Mu) = -\sum_{m=1}^{\infty} \frac{\mathrm{tr}(M^m)}{m} u^m$$
となることを示せ[ヒント: M を上三角化して考える].

この $Z(u; \sigma, X)$ はリーマンゼータなどの標準的なゼータとは変数も違っているし定義の形も変わっているので,少し異様な感じをもたれるかも知れない.しかし,いま $a > 1$ を固定して各有限軌道 P のノルムを $N(P) = a^{\ell(P)}$ と定め,
$$\zeta(s; \sigma, X) = \prod_P (1 - N(P)^{-s})^{-1}$$
とすると,定理 6.1(1) より
$$\zeta(s; \sigma, X) = Z(a^{-s}; \sigma, X)$$
となっていて,$u = a^{-s}$ という変数変換によって,やはり標準的な形をしていることがわかる.また $\#X < \infty$ のときは (2) から
$$\zeta(s; \sigma, X) = \det(1 - M(\sigma)a^{-s})^{-1}$$
という行列式表示をもっているのである.この行列式表示から関数等式とリーマン予想の類似が次のように得られる.

定理 6.2 $\#X = n < \infty$ とする.

(1) 関数等式
$$\zeta(-s; \sigma, X) = (-1)^n \mathrm{sgn}(\sigma) a^{-ns} \zeta(s; \sigma, X).$$

(2) リーマン予想の類似

$\zeta(s; \sigma, X)$ の極はすべて $\mathrm{Re}(s) = 0$ をみたす.

[証明] (1)

$$Z(u^{-1};\sigma,X) = (-1)^n \mathrm{sgn}(\sigma) u^n Z(u;\sigma,X)$$

を示せばよい．行列式表示から

$$\begin{aligned}Z(u^{-1};\sigma,X) &= \det(1 - M(\sigma)u^{-1})^{-1}\\ &= \det((-M(\sigma)u^{-1})(1-M(\sigma^{-1})u))^{-1}\\ &= (-1)^n \left(\det M(\sigma)\right)^{-1} u^n \cdot \det(1 - M(\sigma^{-1})u)^{-1}\\ &= (-1)^n \left(\det M(\sigma)\right)^{-1} u^n Z(u;\sigma^{-1},X)\end{aligned}$$

となるので，

$$\det M(\sigma) = \mathrm{sgn}(\sigma),$$
$$Z(u;\sigma^{-1},X) = Z(u;\sigma,X)$$

を見ればよい．前者は行列式の定義からわかり，後者は $M(\sigma)$ が実直交行列なので

$$M(\sigma^{-1}) = M(\sigma)^{-1} = {}^t M(\sigma)$$

となり

$$\begin{aligned}Z(u;\sigma^{-1},X) &= \det(1 - {}^t M(\sigma)u)\\ &= \det({}^t(1-M(\sigma)u))\\ &= \det(1-M(\sigma)u)\\ &= Z(u;\sigma,X)\end{aligned}$$

とわかる．なお，後者は $\#X < \infty$ の仮定がなくても一般に成り立つことである．——したがって行列式表示を使用するのではなくて，最初の定義において

$$\#\mathrm{Fix}(\sigma^{-m}) = \#\mathrm{Fix}(\sigma^m)$$

に注意するか，あるいは軌道 P は σ と σ^{-1} の違いによらないことをみて確かめられる．

(2) s が $\zeta(s;\sigma,X)$ の極ならば行列式表示より $a^s = \alpha$ は $M(\sigma)$ の固有値になる．$M(\sigma)$ はユニタリ行列であるから $|\alpha|=1$ をみたす．実際，$M(\sigma)$ をユニタリ行列で対角化すればよい．したがって

$$\mathrm{Re}(s) = \frac{\log|\alpha|}{\log a} = 0.$$

6.3 合同ゼータの行列式表示とリーマン予想

合同ゼータ関数 $Z_X(u)$ は有限体 $\mathbb{F}_q$ 上の代数的集合 X に対して

$$Z_X(u) = \exp\left(\sum_{m=1}^{\infty} \frac{\#X(\mathbb{F}_{q^m})}{m} u^m\right) = \zeta_X(s)$$

として定義される.ここで,$u = q^{-s}$.X が代数的集合とは,ある自然数 n と $\mathbb{F}_q$ 係数の n 変数多項式 $f_1(T_1, \ldots, T_n), \ldots, f_r(T_1, \ldots, T_n)$ があって,

$$X = \{(x_1, \ldots, x_n) \in (\overline{\mathbb{F}}_q)^n \mid f_1(x_1, \ldots, x_n) = \cdots = f_r(x_1, \ldots, x_n) = 0\}$$

と書けることを意味している.つまり,X は代数方程式の共通零点(根,解)になっているのである.さらに,$X(\mathbb{F}_{q^m}) = X \cap (\mathbb{F}_{q^m})^n$ である.このような X には,$\mathrm{Frob}_q(x_1, \ldots, x_n) = (x_1^q, \ldots, x_n^q)$ と定義されフロベニウス写像と呼ばれる q 乗写像 Frob_q が自己同型 $\mathrm{Frob}_q: X \to X$ として作用し,$X(\mathbb{F}_{q^m}) = \mathrm{Fix}(\mathrm{Frob}_q^m)$ となっている.したがって,合同ゼータの定義は 6.2 節の群作用のゼータと基本的にはまったく同じである.違いはこんどの場合は X が一般に無限集合となり難しくなっている点である.

それでも,$Z_X(u)$ は

$$Z_X(u) = \prod_{i=0}^{2\dim X} \det(1 - H^i(\mathrm{Frob}_q; X)u)^{(-1)^{i+1}}$$

という行列式表示をもつ.これはグロタンディークによって,1965 年になって初めてわかったことである.ただし,$H^i(\mathrm{Frob}_q; X)$ とはフロベニウス作用素 Frob_q が X のコホモロジーへ誘導する作用を表す.行列式表示が成り立つ理由は跡公式(不動点定理)

$$\#\mathrm{Fix}(\mathrm{Frob}_q^m) = \sum_{i=0}^{2\dim X} (-1)^i \mathrm{tr}(H^i(\mathrm{Frob}_q^m; X))$$

であり,計算は 6.2 節とまったく同様である.

この場合のリーマン予想とは「$H^i(\mathrm{Frob}_q; X)$ の各固有値 α が $|\alpha| = q^{i/2}$ をみたす」ことであり,$\zeta_X(s)$ の零点と極に関して言い直すと「$\zeta_X(s)$ の零点は

$$\mathrm{Re}(s) = \frac{1}{2}, \frac{3}{2}, \ldots, \frac{2\dim(X)-1}{2}, \zeta_X(s) \text{ の極は } \mathrm{Re}(s) = 0, 1, \ldots, \dim(X)$$

をみたす」ことになる．

このリーマン予想が成り立つことはドリーニュが 1974 年に証明した．20 世紀の数学に輝く成果であった．その方法は技術的にはスキーム論を駆使し高度であるが，考え方は示唆深いと思われ，また簡明でもあるので要点を見てみよう．

用意しておくのは次の 2 つのことである：

① $\mathbb{F}_q$ 上の有限型スキーム X に対して $H^i(\mathrm{Frob}_q; X)$ の固有値 α は $q^{(i-1)/2} \le |\alpha| \le q^{(i+1)/2}$ をみたす．

② $\mathbb{F}_q$ 上の有限型スキーム $X_1, \ldots, X_m$ と $H^{i_j}(\mathrm{Frob}_q; X_j)$ の固有値 α_j ($j = 1, \ldots, m$) に対して $\alpha_1 \cdots \alpha_m$ は $H^{i_1+\cdots+i_m}(\mathrm{Frob}_q; X_1 \underset{\mathbb{F}_q}{\otimes} \cdots \otimes X_m)$ の固有値である．ただし，テンソル積は $\mathbb{F}_q$ 上のテンソル積である．

この 2 つが示されていれば，リーマン予想を証明するのは簡単である．いま $\mathbb{F}_q$ 上の有限型スキーム X に対して $H^i(\mathrm{Frob}_q; X)$ の固有値 α をとってくる．X を m 個並べたものに②を使うと α^m は $H^{mi}(\mathrm{Frob}_q; X^{\otimes m})$ の固有値であることがわかる．ここで，$X^{\otimes m}$ は m 個の X のテンソル積である．すると，①を $X^{\otimes m}$ と α^m に用いて

$$q^{(mi-1)/2} \le |\alpha|^m \le q^{(mi+1)/2}$$

つまり

$$q^{\frac{i}{2} - \frac{1}{2m}} \le |\alpha| \le q^{\frac{i}{2} + \frac{1}{2m}}$$

がすべての $m \ge 1$ に対して成り立つことがわかる．したがって $m \to \infty$ とすると

$$|\alpha| = q^{i/2}$$

が得られて，証明が終わる．

さて，①，②はどのようにわかるのだろうか？ このうち②はコホモロジーのテンソル積に関するキュネット (Künneth) の公式

$$H^{i_1}(X_1) \otimes \cdots \otimes H^{i_m}(X_m) \subset H^{i_1+\cdots+i_m}(X_1 \otimes \cdots \otimes X_m)$$

から得られわかりやすい．①は複雑であり説明できないが，リーマンゼータ

$\zeta(s)$ の場合の類似でいうと本質的零点("1 次元の零点")がすべて

$$0 \leq \mathrm{Re}(s) \leq 1$$

にあるというオイラー積と関数等式からわかる結果に対応している．このようなゆるい評価①をすべての X に対して示しておいて，②のテンソル積構造を用いるというのがドリーニュの方法の要点である．

問 6.2 ドリーニュの方法を $\zeta(s)$ の場合に適用するにはどうすればよいだろうか？この問題はまたあとで考えよう．

6.4 セルバーグゼータの行列式表示とリーマン予想

セルバーグゼータ関数 $\zeta_\Gamma(s)$ に対しても行列式表示とリーマン予想が成り立つ．これもやはり跡公式(第 5 章)からわかる．結果を $\Gamma \subset SL_2(\mathbb{R})$ の場合に述べると，カシミール元 $\mathcal{C}_\Gamma$ を用いて

$$\zeta_\Gamma(s) \cong \frac{\det\left(\mathcal{C}_\Gamma - \frac{1}{4} + \left(s + \frac{1}{2}\right)^2\right)}{\det\left(\mathcal{C}_\Gamma - \frac{1}{4} + \left(s - \frac{1}{2}\right)^2\right)}$$

と書ける．$\mathcal{C}_\Gamma$ は第 5 章でもそうであったように，伝統的にラプラス作用素 Δ_Γ と書かれることが多い．上の表示において，$\mathcal{C}_\Gamma$ の固有値が 0 以上(あるいは $\frac{1}{4}$ 以上)であることを用いると，

$$\zeta_\Gamma(s) \text{ の(虚の)零点は } \mathrm{Re}(s) = -\frac{1}{2} \text{ 上,}$$
$$\zeta_\Gamma(s) \text{ の(虚の)極は } \mathrm{Re}(s) = \frac{1}{2} \text{ 上}$$

にそれぞれ乗っていることがわかる．

$\Gamma = SL_2(\mathbb{Z})$ のときのセルバーグゼータ関数 $\zeta_{SL_2(\mathbb{Z})}(s)$ の虚の極を最初から 10 個ほど列挙しておくと次のようになっている．

$$\rho_1 = \frac{1}{2} + i(9.53369526\cdots)$$
$$\rho_2 = \frac{1}{2} + i(12.17300832\cdots)$$

$$\rho_3 = \frac{1}{2} + i(13.77975135\cdots)$$
$$\rho_4 = \frac{1}{2} + i(14.35850951\cdots)$$
$$\rho_5 = \frac{1}{2} + i(16.13807317\cdots)$$
$$\rho_6 = \frac{1}{2} + i(16.64425920\cdots)$$
$$\rho_7 = \frac{1}{2} + i(17.73856338\cdots)$$
$$\rho_8 = \frac{1}{2} + i(18.18091783\cdots)$$
$$\rho_9 = \frac{1}{2} + i(19.42348147\cdots)$$
$$\rho_{10} = \frac{1}{2} + i(19.48471385\cdots).$$

虚の零点の値は，実部の $\frac{1}{2}$ のところを $-\frac{1}{2}$ に置き換えればよい．実は，上記のセルバーグゼータ関数の行列式表示に出てきている行列式は無限次の行列式であり，ゼータ正規化をして定義する必要がある．そこで，これから無限次の行列式をゼータ正規化する方法を述べ，その応用として，第1章に記した定理1.1の証明をしよう．

まず，ゼータ正規化積を定義する．いま，複素数列
$$\boldsymbol{a} = (a_1, a_2, a_3, \ldots)$$
で $\mathrm{Re}(a_n) \to \infty \ (n \to \infty)$ となるものが与えられたとき
$$\zeta_{\boldsymbol{a}}(s) = \sum_{n=1}^{\infty} a_n^{-s}$$
とおき，$\boldsymbol{a}$ のゼータ関数と呼ぶ．ただし
$$a_n^{-s} = \exp\left(-s \log a_n\right)$$
において
$$-\pi < \arg \log a_n \leq \pi$$
としておく．このゼータ関数が $s=0$ を含む領域に解析接続されて $s=0$ で正則のときに

$$\prod_{n=1}^{\infty} a_n = \exp(-\zeta'_{\boldsymbol{a}}(0))$$

とおき，**ゼータ正規化積**という．この定義がもっともである理由は有限数列の類似を考えてみるとわかる．なぜなら，$\boldsymbol{a} = (a_1, \ldots, a_N)$ とすると

$$\zeta_{\boldsymbol{a}}(s) = \sum_{n=1}^{N} a_n^{-s}$$

より

$$\zeta'_{\boldsymbol{a}}(0) = \sum_{n=1}^{N} (-\log a_n) = -\log\left(\prod_{n=1}^{N} a_n\right)$$

であるから

$$\prod_{n=1}^{N} a_n = \exp(-\zeta'_{\boldsymbol{a}}(0))$$
$$= \exp\left(\log \prod_{n=1}^{N} a_n\right) = \prod_{n=1}^{N} a_n$$

となり，ゼータ正規化積が普通の積と一致するからである．このゼータ正規化積を用いて，無限次行列 A のゼータ正規化された行列式 $\det(A)$ を

$$\det(A) = \prod_{\mu \in \mathrm{Spect}(A)} \mu$$

と定義する．

さて，いちばん有名なゼータ正規化積は次のものである．

定理 6.3　(1)

$$\det\left(t\frac{d}{dt} + x\right) = \prod_{n=0}^{\infty} (n+x) = \frac{\sqrt{2\pi}}{\Gamma(x)} \qquad (\text{レルヒ}, 1894\,\text{年}).$$

ただし，$\Gamma(x)$ はガンマ関数である．

(2)

$$\det\left(t\frac{d}{dt} + 1\right) = \prod_{n=1}^{\infty} n = \sqrt{2\pi} \qquad (\text{リーマン}, 1859\,\text{年}).$$

[証明] (1) まず，$t\frac{d}{dt} + x \in \mathrm{End}_{\mathbb{C}}(\mathbb{C}[t])$ と思うと，$t\frac{d}{dt}t^n = nt^n$ より

6.4 セルバーグゼータの行列式表示とリーマン予想

無限次行列 $t\dfrac{d}{dt}+x$ の固有値は $n+x$ $(n=0,1,2,\ldots)$ で与えられ,しかもそれらで尽くされることがわかる.よって定義により

$$\sum_{n=0}^{\infty}(n+x)^{-s}$$

の $s=0$ における微分を計算すればよい.このゼータ関数はフルビッツゼータ関数と名づけられていて

$$\zeta(s,x)=\sum_{n=0}^{\infty}(n+x)^{-s}$$

と書かれる.これは,$\mathrm{Re}(s)>1$ において絶対収束し,すべての複素数 $s\in\mathbb{C}$ に有理型関数として解析接続され $s=0$ で正則で

$$\zeta(0,x)=\frac{1}{2}-x$$

となることが知られている(証明は第 2 章と同様.黒山人重『数学研究法』第 5 話も参照されたい).したがって,示すべきことは s に関する偏微分が

$$\zeta'(0,x)=\log\frac{\Gamma(x)}{\sqrt{2\pi}}$$

となることである.そこで

$$f(x)=\zeta'(0,x)-\log\Gamma(x)$$

とおき,$f(x)$ を次の順に求めよう:

① $f(x)$ は高々 1 次式:$f(x)=ax+b$.
② $f(x)$ は定数:$f(x)=b$.
③ $b=-\log\sqrt{2\pi}$.

① には $f''(x)=0$ を示せばよい.まず

$$f''(x)=\frac{\partial^3}{\partial x^2\partial s}\zeta(s,x)\Big|_{s=0}-\frac{d^2}{dx^2}\log\Gamma(x)$$

の式の第 1 項は

$$\frac{\partial^2}{\partial x^2}\zeta(s,x)=\sum_{n=0}^{\infty}s(s+1)(n+x)^{-s-2}$$

だから
$$\left.\frac{\partial^3}{\partial x^2 \partial s}\zeta(s,x)\right|_{s=0} = \sum_{n=0}^{\infty}\frac{1}{(n+x)^2}$$
となる．次に第2項は，ガンマ関数の表示
$$\frac{1}{\Gamma(x)} = xe^{\gamma x}\prod_{n=1}^{\infty}\left(1+\frac{x}{n}\right)e^{-x/n}$$
を用いる．なお，γ は次で与えられるオイラー定数である：
$$\gamma = \lim_{n\to\infty}\left(1+\frac{1}{2}+\cdots+\frac{1}{n}-\log n\right) = 0.57715664901\cdots.$$
このガンマ関数の表示から
$$\frac{d^2}{dx^2}\log\Gamma(x) = \frac{1}{x^2}+\sum_{n=1}^{\infty}\frac{1}{(n+x)^2} = \sum_{n=0}^{\infty}\frac{1}{(n+x)^2}$$
となる．したがって $f''(x)=0$ がわかる．

② のためには $f(x+1)=f(x)$ を示せばよい．そうすると $a(x+1)+b=ax+b$ から $a=0$ となるからだ．ところが
$$\zeta(s,x+1) = \zeta(s,x) - x^{-s},$$
$$\Gamma(x+1) = \Gamma(x)x$$
であるから
$$\zeta'(0,x+1) = \zeta'(0,x) + \log x,$$
$$\log\Gamma(x+1) = \log\Gamma(x) + \log x$$
となる．したがって，辺々引いて $f(x+1)=f(x)$ が得られる．

③ は $b=f\left(\dfrac{1}{2}\right)$ を計算すればよい．はじめに，
$$\zeta\left(s,\frac{1}{2}\right) = \sum_{n=0}^{\infty}\left(n+\frac{1}{2}\right)^{-s}$$
$$= 2^s\sum_{n=0}^{\infty}(2n+1)^{-s}$$
$$= 2^s(\zeta(s)-2^{-s}\zeta(s))$$
$$= (2^s-1)\zeta(s)$$
となることは，実質的には第3章にすでに出てきていたことである．し

がって

$$\zeta'\left(0, \frac{1}{2}\right) = (\log 2)\zeta(0)$$

となるが，第 2 章のとおり $\zeta(0) = -\frac{1}{2}$ だから

$$\zeta'\left(0, \frac{1}{2}\right) = -\frac{1}{2}\log 2$$

がわかる．なお，$\zeta(s) = \zeta(s, 1)$ という関係式を用いて

$$\zeta(0) = \zeta(0, 1) = \frac{1}{2} - 1 = -\frac{1}{2}$$

としてもよい．さらに，$\Gamma\left(\frac{1}{2}\right) = \sqrt{\pi}$ であること[問 2.1 の $\Gamma(x)$ の積分表示を用いて証明される]を使って

$$f\left(\frac{1}{2}\right) = -\frac{1}{2}\log 2 - \log \sqrt{\pi} = -\log \sqrt{2\pi}$$

となり，レルヒの公式が証明された．

(2) $\Gamma(1) = 1$ であるからこのリーマンの結果はレルヒの公式において $x = 1$ とおけばよい．

なお，リーマンの結果は，簡明に

$$\infty! = \sqrt{2\pi}$$

と表すとより印象的になるであろう．レルヒ(Matyaf Lerch)はチェコの数学者であり，19 世紀末に孤高の顕著な成果を挙げた．その意義が明らかになってきたのは 20 世紀の後半になってからであった．

それでは，第 1 章の定理 1.1 の証明をしよう．ゼータ正規化積を用いて書くと定理 1.1 の主張は次のようになる．

定理 6.4(定理 1.1) $\ell > 0$ のとき

$$\prod_{m=-\infty}^{\infty}\left(\frac{2\pi i m}{\ell} - s\right) = 1 - e^{-\ell s}.$$

[証明] いま，

$$\varphi(w) = \sum_{m=-\infty}^{\infty}\left(\frac{2\pi i m}{\ell} - s\right)^{-w}$$

とおくと，示すべき等式は
$$\exp(-\varphi'(0)) = 1 - e^{-\ell s}$$
である．部分和に分けて
$$\varphi(w) = \varphi_+(w) + \varphi_-(w),$$
$$\varphi_+(w) = \sum_{m=0}^{\infty} \left(\frac{2\pi i m}{\ell} - s\right)^{-w},$$
$$\varphi_-(w) = \sum_{m=-\infty}^{-1} \left(\frac{2\pi i m}{\ell} - s\right)^{-w}$$
$$= \sum_{k=0}^{\infty} \left(-\frac{2\pi i(k+1)}{\ell} - s\right)^{-w}$$
とおくと，
$$\varphi_+(w) = \left(\frac{2\pi i}{\ell}\right)^{-w} \zeta\left(w, -\frac{\ell s}{2\pi i}\right),$$
$$\varphi_-(w) = \left(-\frac{2\pi i}{\ell}\right)^{-w} \zeta\left(w, 1 + \frac{\ell s}{2\pi i}\right)$$
となる．したがって，
$$\varphi'_+(0) = -\log\left(\frac{2\pi i}{\ell}\right) \zeta\left(0, -\frac{\ell s}{2\pi i}\right) + \zeta'\left(0, -\frac{\ell s}{2\pi i}\right)$$
$$= -\log\left(\frac{2\pi i}{\ell}\right) \left(\frac{1}{2} + \frac{\ell s}{2\pi i}\right) + \log\frac{\Gamma\left(-\frac{\ell s}{2\pi i}\right)}{\sqrt{2\pi}},$$
$$\varphi'_-(0) = -\log\left(-\frac{2\pi i}{\ell}\right) \zeta\left(0, 1 + \frac{\ell s}{2\pi i}\right) + \zeta'\left(0, 1 + \frac{\ell s}{2\pi i}\right)$$
$$= -\log\left(-\frac{2\pi i}{\ell}\right) \left(-\frac{1}{2} - \frac{\ell s}{2\pi i}\right) + \log\frac{\Gamma\left(1 + \frac{\ell s}{2\pi i}\right)}{\sqrt{2\pi}}$$
を用いて
$$\varphi'(0) = \pi i \left(\frac{1}{2} + \frac{\ell s}{2\pi i}\right) + \log\frac{\Gamma\left(-\frac{\ell s}{2\pi i}\right) \Gamma\left(1 + \frac{\ell s}{2\pi i}\right)}{2\pi}$$
を得る．ここで公式

6.4 セルバーグゼータの行列式表示とリーマン予想

$$\Gamma(x)\Gamma(1-x) = \frac{\pi}{\sin(\pi x)}$$

を使うと

$$\varphi'(0) = \pi i \left(\frac{1}{2} + \frac{\ell s}{2\pi i} \right) - \log \left(2\sin\left(-\frac{\ell s}{2i} \right) \right)$$

がわかる．ところが，

$$2\sin\left(-\frac{\ell s}{2i}\right) = \frac{e^{-\ell s/2} - e^{\ell s/2}}{i} = -\frac{e^{\ell s/2}}{i}(1 - e^{-\ell s})$$

だから

$$\varphi'(0) = -\log(1 - e^{-\ell s})$$

となって定理が証明された． ∎

この例からわかるように，ゼータ関数にはゼータ正規化された行列式がよく似合っている．今後とも，ゼータ関数の行列式表示に出てくる行列式はゼータ正規化された行列式であると理解してほしい．

さらに，ゼータの"深さ"を感じるためには，絶対値の値の等高線が描く図形を考えてみるとよい．たとえば，S^1 のセルバーグゼータは

$$\zeta^{\text{Selberg}}\left(s, S\left(\frac{1}{2\pi}\right)\right) = (1 - e^{-s})^{-1}$$

となっていたが，$\left|\zeta^{\text{Selberg}}\left(s, S\left(\frac{1}{2\pi}\right)\right)\right|$ のかわりに

$$-\log\left|\zeta^{\text{Selberg}}\left(s, S\left(\frac{1}{2\pi}\right)\right)\right| = -\text{Re}\,\log \zeta^{\text{Selberg}}\left(s, S\left(\frac{1}{2\pi}\right)\right) = \log|1 - e^{-s}|$$

を考えることにする．すなわち，実数 α に対して，等高線

$$H(\alpha) = \{s = x + iy \in \mathbb{C} \mid \log|1 - e^{-s}| = \alpha\}$$

を描きたい．ところで，$e^{-s+2\pi i} = e^{-s}$ であるから，$-\pi \leq \text{Im}(s) = y \leq \pi$ での $H(\alpha)$ を扱えば十分である．α をいろいろ変えてみると深さが見てとれるので描いてみてほしい．

リーマンゼータ $\zeta(s)$ やセルバーグゼータ $\zeta_{SL_2(\mathbb{Z})}(s)$ などの絶対値の等高線のグラフは一体どうなっているのであろうか．$\zeta^{\text{Selberg}}\left(s, S\left(\frac{1}{2\pi}\right)\right)$ のとき

と同様に log をとってみると,零点のまわりに深く沈み込む,日本海溝やマリアナ海溝のような海洋図を見ることになるのであろう.

6.5 本来のリーマン予想へ

本来のリーマン予想は残念ながら解けていない.予想される行列式表示は

$$\hat{\zeta}(s) = \pi^{-s/2}\Gamma\left(\frac{s}{2}\right)\zeta(s) = \frac{\det\left(\mathcal{R} - \left(s - \frac{1}{2}\right)\right)}{s(s-1)}$$

であって,$\mathcal{R}$ が歪エルミート作用素(したがって,$\mathcal{R}$ の固有値はすべて純虚数)であることまで証明できればリーマン予想が従う.この章で見てきたコホモロジー的構造からいえば,$\mathcal{R}$ は $H^1(\mathbb{Z})$ という $\mathbb{Z}$ の1次元コホモロジーに作用するものである.

リーマン予想がどれくらい遠いのか,素数の分布関数の面から見てみよう.x 以下の素数の個数 $\pi(x)$ に対する評価式である "素数公式"

$$\pi(x) = \text{Li}(x) + O(x^{1/2}\log x)$$

がリーマン予想と同値であることを第2章で述べた.この同値性はリーマンの素数公式(1859 年)

$$\pi(x) = \sum_{m=1}^{\infty}\frac{\mu(m)}{m}\left(\text{Li}(x^{1/m}) - \sum_{\rho}\text{Li}(x^{\rho/m}) + \int_{x^{1/m}}^{\infty}\frac{du}{u(u^2-1)\log u} - \log 2\right)$$

から導かれる.ここで,$\mu(m)$ はメビウスの関数であり,

$$\mu(m) = \begin{cases} 1 & (m \text{ が偶数個の異なる素数の積}(m=1 \text{ も含める})) \\ -1 & (m \text{ が奇数個の異なる素数の積}) \\ 0 & (\text{その他}) \end{cases}$$

と決まり,ρ は $\zeta(s)$ の本質的零点($0 < \text{Re}(\rho) < 1$ となる零点)全体を動く(収束性のために ρ と $1-\rho$ とを組にして和を取る).リーマンの素数公式から

$$\pi(x) = \text{Li}(x) - \sum_{\rho}\text{Li}(x^{\rho}) - \frac{1}{2}\text{Li}(x^{1/2}) + \frac{1}{2}\sum_{\rho}\text{Li}(x^{\rho/2}) - \cdots$$

であるから，誤差項
$$\pi(x) - \text{Li}(x) = -\sum_{\rho}\text{Li}(x^{\rho}) - \frac{1}{2}\text{Li}(x^{1/2}) + \frac{1}{2}\sum_{\rho}\text{Li}(x^{\rho/2}) - \cdots$$
の大きさが $\text{Re}(\rho)$ の評価式と連動していることは見やすいであろう．たとえば，
$$\Theta = \sup_{\rho}(\text{Re}(\rho))$$
とおくと，各 $\varepsilon > 0$ に対して，
$$\pi(x) = \text{Li}(x) + O(x^{\Theta+\varepsilon})$$
が成り立つことがわかる．

リーマン予想は $\Theta = \frac{1}{2}$ が成り立つことと同値である．

このようにして素数分布の誤差項に出てくるべき指数はリーマン予想が成り立つと $\frac{1}{2}$ と小さくなるのであるが，リーマン予想の成否にかかわらず $\frac{1}{2}$ より小さくはできないことがわかっている．つまり，$\alpha < \frac{1}{2}$ に対して
$$\pi(x) = \text{Li}(x) + O(x^{\alpha})$$
は不成立なのである．この意味でリーマン予想は素数分布の規則性を保証する．

ところで，リーマン予想が 1859 年に提出されて 140 年が過ぎ去ったが，現在までに Θ に関して知られている結果は，明らかな
$$\Theta \leq 1$$
のみであって，
$$\Theta < 1$$
も
$$\Theta \leq 0.999999999 = \frac{999999999}{1000000000}$$
も証明されていない．無念なことであるとともに，リーマン予想への道の遠さを感じさせる．またあとで立ち戻ろう．

7

絶対カシミール元

いままで見てきたようにカシミール元は極めて重要な元であり，それを見るだけですべてがわかると言えるというのも間違いないと納得されたことと思う．

さて，この終章ではこれから先のことを書こう．ただし，21世紀になったからといって，すべてがわかって何でも書けるという状況にはなっていない．むしろ，この章では，読者みずからが著者をリードしてほしいのである．したがって，これから先の話は1つのヒントと考えてほしい．

7.1 絶対数学とは何か？

はじめに，絶対数学という耳なれない言葉の説明から取りかかりたい．これが耳なれないのは当然であり，正式に展開されるのは本書が初めてである．著者たちは，これが「これからの数学」だと考えている．少なくとも「これまでの数学」ではない....

絶対数学とは，一言でいってしまえば 1 元体 $\mathbb{F}_1$ 上の数学であり，いままでの数学——それは，整数環 $\mathbb{Z} = \{0, \pm 1, \pm 2, \pm 3, \ldots\}$ 上の数学と考えられる——を数学の底 $\mathbb{F}_1$ までつきつめたものである．

ガロア場とガロア体 $\mathbb{F}_p$ の話から読まれてきた読者には $\mathbb{F}_1$ はすでに抵抗なく受け入れられるものになっているかもしれないが，練習のため基本的な例を考えておこう．それは，整数環 $\mathbb{Z}$ の微分のことである．それを，第 1 章から扱っている円 $S^1 \cong \mathbb{R}/\mathbb{Z}$ の場合と対比して考えよう．対応しているものは，2 つの環 $\mathbb{Z}$ と $C^\infty(\mathbb{R}/\mathbb{Z})$ である．ただし，後者は複素数体 $\mathbb{C}$ に値をもつ無限回微分可能な関数全体のつくる環である．表にしてみよう（表 7.1）．つまり，$\mathbb{Z}$ の根本的な微分 $\mathcal{R}$ が作れれば $\zeta(s)$ の行列表示もできると考えられるのである．

ここで，微分に関する言葉をはっきりさせておこう．$C^\infty(\mathbb{R}/\mathbb{Z})$ の 2 つの元 f, g に対して**ライプニッツ則**

$$\frac{d}{dx}(fg) = \frac{d}{dx}(f)g + f\frac{d}{dx}(g)$$

が成り立つというのが微分の起源であった．これをもとにして，環 A の**微分**（**導分**ともいう）とは写像 $\mathcal{D} : A \to A$ で

$$\mathcal{D}(xy) = \mathcal{D}(x)y + x\mathcal{D}(y)$$

を満たすものを指すことになっている．ただし，$\mathcal{D}$ には適度な線型性が無条件で仮定されているのが普通であり，それが通常数学である．たとえば，通常数学ではどんな環に対しても考えられる $\mathbb{Z}$ 線型性は暗黙のうちに要求されている．それは，言い換えれば，加法性

7.1 絶対数学とは何か？   145

表 **7.1** 根本微分とカシミール元

	$\mathbb{Z}$	$C^\infty(\mathbb{R}/\mathbb{Z})$
根本微分	$\mathcal{R}$ (?)	$\dfrac{d}{dx}$
ゼータ	$\zeta(s)$	$Z(s) = \left(1 - e^{-s}\right)^{-1}$
行列式表示	$\hat{\zeta}(s) = \dfrac{\det\left(\mathcal{R} - \left(s - \dfrac{1}{2}\right)\right)}{s(s-1)}$ (?)	$Z(s) = \det\left(\left(\dfrac{d}{dx}\right) - s\right)^{-1}$
カシミール元	$\mathcal{R}^2$ （絶対カシミール元）	$\left(\dfrac{d}{dx}\right)^2$

$$\mathcal{D}(x+y) = \mathcal{D}(x) + \mathcal{D}(y)$$

が成り立つことである．もちろん，$\dfrac{d}{dx}$ は加法性

$$\frac{d}{dx}(f+g) = \frac{d}{dx}(f) + \frac{d}{dx}(g)$$

は満たすし，さらに $\mathbb{C}$ 線型性

$$\frac{d}{dx}(af+bg) = a \cdot \frac{d}{dx}(f) + b \cdot \frac{d}{dx}(g)$$

も満たす．ここで，$a, b \in \mathbb{C}$.

さて，$\mathbb{Z}$ の微分 $\mathcal{D}: \mathbb{Z} \to \mathbb{Z}$ を考えよう．まず，通常数学のように加法性をもつものを調べてみよう．すると次がわかる．

Fact 7.1 加法性をみたす $\mathbb{Z}$ の微分は 0 しかない．

［証明］ライプニッツ則より

$$\mathcal{D}(0 \cdot 0) = \mathcal{D}(0) \cdot 0 + 0 \cdot \mathcal{D}(0).$$

よって，$\mathcal{D}(0) = 0$. ふたたびライプニッツ則より

$$\mathcal{D}(1 \cdot 1) = \mathcal{D}(1) \cdot 1 + 1 \cdot \mathcal{D}(1).$$

したがって，$\mathcal{D}(1) = 0$. 三たびライプニッツ則より

$$\mathcal{D}((-1) \cdot (-1)) = \mathcal{D}(-1) \cdot (-1) + (-1) \cdot \mathcal{D}(-1).$$

よって，$\mathcal{D}(-1) = 0$. あとは加法性から

$$\mathcal{D}(2) = \mathcal{D}(1+1) = \mathcal{D}(1) + \mathcal{D}(1) = 0,$$
$$\mathcal{D}(-2) = \mathcal{D}((-1)+(-1)) = \mathcal{D}(-1) + \mathcal{D}(-1) = 0$$

のようにして，すべての整数 m に対して $\mathcal{D}(m) = 0$ となる．したがって，$\mathcal{D} = 0$ である． ∎

このようにして，通常数学においては $\mathbb{Z}$ の微分は 0 しかないのであり，求める根本微分 $\mathcal{R}$ のようなものはどこにもない（通常数学にはリーマン予想の証明はない）．そこで，原点に戻って加法性を忘れてみよう．これを**忘和**ということがある．すると，次もわかる．

Fact 7.2 $\mathbb{Z}$ の微分はたくさんある． □

詳細は後述(7.3節)するが，感じがつかめるように具体的に書いておこう．

いま，素数 p に対して，p についての微分

$$\frac{\partial}{\partial p} : \mathbb{Z} \to \mathbb{Z}$$

を考える．これは，素朴に考えればよい．つまり，

$$\frac{\partial}{\partial p}(x) = \begin{cases} 0 & (p \nmid x \text{ のとき}) \\ lp^{l-1} \cdot m & (x = p^l \cdot m \ (l \geq 1, \ p \nmid m) \text{ のとき}) \end{cases}$$

とおく．これは一括して

$$\frac{\partial}{\partial p}(x) = \frac{x}{p} \mathrm{ord}_p(x)$$

と書くことができる．ここで，$\mathrm{ord}_p(x)$ は x の p 位数($p^l | x, \ p^{l+1} \nmid x$ となる l のこと)である．もちろん，$\frac{\partial}{\partial p}(0) = 0$ と解釈する．このとき，$\frac{\partial}{\partial p}$ はライプニッツ則

$$\frac{\partial}{\partial p}(xy) = \frac{\partial}{\partial p}(x) y + x \frac{\partial}{\partial p}(y)$$

を満たす．

問 7.1 微分方程式 $\frac{\partial}{\partial p}(x) = x$ を解け[ヒント：$x = p^p$ を微分してみよ]．

したがって，$\mathbb{Z}$ の微分が無限個できることになる．じつは，あとで証明するように，$\mathbb{Z}$ の微分は $\frac{\partial}{\partial p}$ たちで張られ，$c_p \in \mathbb{Z}$ をとって $\sum_p c_p \frac{\partial}{\partial p}$ の形に書けるのである．そこで，先の対応物 $\mathcal{R}$ は，さしあたり

$$\mathcal{R} = \sum_p \frac{\partial}{\partial p}$$

を考えておこう．あとでわかるように，ここに現れた $\frac{\partial}{\partial p}$ や $\mathcal{R}$ は $\mathbb{F}_1$ **線型性**をもつ**絶対微分**と考えられるのであり，絶対数学の生き物である．

7.2 絶対線型代数

絶対数学研究の手始めとして，絶対線型代数を考えてみよう．ところで線型代数とは，ある体 K 上のベクトル空間 K^n や n 次正方行列の全体 $\mathrm{Mat}_n(K)$（つまり $\mathrm{End}_K(K^n)$）および (m,n) 型行列の全体 $\mathrm{Mat}_{m,n}(K)$（つまり $\mathrm{Hom}_K(K^n, K^m)$）などが主な舞台である．普通の教科書では K として複素数体 $\mathbb{C}$ や実数体 $\mathbb{R}$ にすることが多いが，たいていのことは一般の体 K で——さらにはもっと一般の環 K でも適切に修正すれば——できることを注意しておこう．

いま，念のために定義を書いておくと

$$\mathrm{Mat}_n(K) = \left\{ \begin{pmatrix} a_{11} & \cdots & a_{1n} \\ \vdots & & \vdots \\ a_{n1} & \cdots & a_{nn} \end{pmatrix} \middle| \ a_{ij} \in K, \ i,j = 1, \ldots, n \right\}$$

であり，$\mathrm{Mat}_n(K)$ の元 A, B に対しては掛け算 AB と足し算 $A+B$ が決っていて，$\mathrm{Mat}_n(K)$ は環となる．さらに $\mathrm{Mat}_n(K)$ の可逆元(単数)全体は $GL_n(K)$ と書かれる群をなす．また，行列のテンソル積(クロネッカー積) $\otimes$

$$\begin{array}{ccc} \mathrm{Mat}_n(K) \times \mathrm{Mat}_m(K) & \longrightarrow & \mathrm{Mat}_{mn}(K) \\ \cup & & \cup \\ (A, B) & \longmapsto & A \otimes B \end{array}$$

や直和 $\oplus$

$$\begin{array}{ccc} \mathrm{Mat}_n(K) \times \mathrm{Mat}_m(K) & \longrightarrow & \mathrm{Mat}_{m+n}(K) \\ \cup & & \cup \\ (A, B) & \longmapsto & A \oplus B \end{array}$$

が構成でき，それらの像を $\mathrm{Mat}_n(K) \otimes \mathrm{Mat}_m(K)$，$\mathrm{Mat}_n(K) \oplus \mathrm{Mat}_m(K)$ と

書くのであった.ただし,$A = (a_{ij})$, $B = (b_{ij})$ のとき

$$A \otimes B = \begin{pmatrix} Ab_{11} & \ldots & Ab_{1m} \\ \vdots & & \vdots \\ Ab_{m1} & \ldots & Ab_{mm} \end{pmatrix} = (Ab_{ij})_{i,j=1,\ldots,m},$$

$$A \oplus B = \begin{pmatrix} A & 0 \\ 0 & B \end{pmatrix}$$

である.さらに,行列のテンソル積は K 上のベクトル空間のテンソル積

$$K^n \otimes_K K^m \cong K^{nm}$$

に対応している:

$$\begin{aligned}
\mathrm{Mat}_{nm}(K) &\cong \mathrm{End}_K(K^{nm}) \\
&\cong \mathrm{End}_K(K^n \otimes_K K^m) \\
&\supset \mathrm{End}_K(K^n) \otimes \mathrm{End}_K(K^m) \\
&\cong \mathrm{Mat}_n(K) \otimes \mathrm{Mat}_m(K).
\end{aligned}$$

さて,ここで

$$M_n = \left\{ \begin{pmatrix} a_{11} & \ldots & a_{1n} \\ \vdots & & \vdots \\ a_{n1} & \ldots & a_{nn} \end{pmatrix} \middle| \text{各列の成分は 1 個のみ 1 で他は 0} \right\}$$

を考えてみよう.たとえば $n = 1, 2, 3$ のときには

$M_1 = \{1\}$,

$$M_2 = \left\{ \begin{pmatrix} 1 & 1 \\ 0 & 0 \end{pmatrix}, \begin{pmatrix} 1 & 0 \\ 0 & 1 \end{pmatrix}, \begin{pmatrix} 0 & 1 \\ 1 & 0 \end{pmatrix}, \begin{pmatrix} 0 & 0 \\ 1 & 1 \end{pmatrix} \right\},$$

$$M_3 = \left\{ \begin{pmatrix} 1 & 1 & 1 \\ 0 & 0 & 0 \\ 0 & 0 & 0 \end{pmatrix}, \begin{pmatrix} 1 & 1 & 0 \\ 0 & 0 & 1 \\ 0 & 0 & 0 \end{pmatrix}, \begin{pmatrix} 1 & 1 & 0 \\ 0 & 0 & 0 \\ 0 & 0 & 1 \end{pmatrix}, \begin{pmatrix} 1 & 0 & 1 \\ 0 & 1 & 0 \\ 0 & 0 & 0 \end{pmatrix}, \right.$$

$$\begin{pmatrix} 1 & 0 & 0 \\ 0 & 1 & 1 \\ 0 & 0 & 0 \end{pmatrix}, \begin{pmatrix} 1 & 0 & 0 \\ 0 & 1 & 0 \\ 0 & 0 & 1 \end{pmatrix}, \begin{pmatrix} 1 & 0 & 1 \\ 0 & 0 & 0 \\ 0 & 1 & 0 \end{pmatrix}, \begin{pmatrix} 1 & 0 & 0 \\ 0 & 0 & 1 \\ 0 & 1 & 0 \end{pmatrix},$$

$$\begin{pmatrix} 1 & 0 & 0 \\ 0 & 0 & 0 \\ 0 & 1 & 1 \end{pmatrix}, \begin{pmatrix} 0 & 1 & 1 \\ 1 & 0 & 0 \\ 0 & 0 & 0 \end{pmatrix}, \begin{pmatrix} 0 & 1 & 0 \\ 1 & 0 & 1 \\ 0 & 0 & 0 \end{pmatrix}, \begin{pmatrix} 0 & 1 & 0 \\ 1 & 0 & 0 \\ 0 & 0 & 1 \end{pmatrix},$$

$$\begin{pmatrix} 0 & 0 & 1 \\ 1 & 1 & 0 \\ 0 & 0 & 0 \end{pmatrix}, \begin{pmatrix} 0 & 0 & 0 \\ 1 & 1 & 1 \\ 0 & 0 & 0 \end{pmatrix}, \begin{pmatrix} 0 & 0 & 0 \\ 1 & 1 & 0 \\ 0 & 0 & 1 \end{pmatrix}, \begin{pmatrix} 0 & 0 & 1 \\ 1 & 0 & 0 \\ 0 & 1 & 0 \end{pmatrix},$$

$$\begin{pmatrix} 0 & 0 & 0 \\ 1 & 0 & 1 \\ 0 & 1 & 0 \end{pmatrix}, \begin{pmatrix} 0 & 0 & 0 \\ 1 & 0 & 0 \\ 0 & 1 & 1 \end{pmatrix}, \begin{pmatrix} 0 & 1 & 1 \\ 0 & 0 & 0 \\ 1 & 0 & 0 \end{pmatrix}, \begin{pmatrix} 0 & 1 & 0 \\ 0 & 0 & 1 \\ 1 & 0 & 0 \end{pmatrix},$$

$$\begin{pmatrix} 0 & 1 & 0 \\ 0 & 0 & 0 \\ 1 & 0 & 1 \end{pmatrix}, \begin{pmatrix} 0 & 0 & 1 \\ 0 & 1 & 0 \\ 1 & 0 & 0 \end{pmatrix}, \begin{pmatrix} 0 & 0 & 0 \\ 0 & 1 & 1 \\ 1 & 0 & 0 \end{pmatrix}, \begin{pmatrix} 0 & 0 & 0 \\ 0 & 1 & 0 \\ 1 & 0 & 1 \end{pmatrix},$$

$$\begin{pmatrix} 0 & 0 & 1 \\ 0 & 0 & 0 \\ 1 & 1 & 0 \end{pmatrix}, \begin{pmatrix} 0 & 0 & 0 \\ 0 & 0 & 1 \\ 1 & 1 & 0 \end{pmatrix}, \begin{pmatrix} 0 & 0 & 0 \\ 0 & 0 & 0 \\ 1 & 1 & 1 \end{pmatrix} \Bigg\}$$

などであり，$\#M_n = n^n$ となっている．ここで，$\#$ は集合の元の個数を表わしている．このとき次がわかる．

定理 7.1 (1) M_n は掛け算に関してモノイド（単位元をもつ半群）となる．

(2) M_n の可逆元（単数）全体 GL_n は群をなし，n 次対称群 $\mathfrak{S}_n$ と同一視できる．

(3) テンソル積 $\otimes$

$$\begin{array}{ccc} M_n \times M_m & \longrightarrow & M_{mn} \\ \cup & & \cup \\ (A, B) & \longmapsto & A \otimes B = \left(Ab_{ij}\right)_{i,j=1,\ldots,m} \end{array}$$

および直和 ⊕

$$
\begin{array}{ccc}
M_n \times M_m & \longrightarrow & M_{m+n} \\
\cup & & \cup \\
(A, B) & \longmapsto & A \oplus B = \begin{pmatrix} A & 0 \\ 0 & B \end{pmatrix}
\end{array}
$$

が存在する．

［証明］ (1) $A, B \in M_n$ ならば $AB \in M_n$ となることを示そう．これができれば，$E_n = \begin{pmatrix} 1 & & 0 \\ & \ddots & \\ 0 & & 1 \end{pmatrix} \in M_n$ であり $(AB)C = A(BC)$ は普通の行列の演算法則であるから，M_n が E_n を単位元とするモノイドになることがわかる．さて，いま $A = (a_{ij})$, $B = (b_{ij})$ とする．このとき AB の (i,j) 成分を c_{ij} とすると

$$c_{ij} = \sum_{k=1}^{n} a_{ik} b_{kj}$$

である．言いたいことは，j を固定したときに，ただ 1 つの i に対して $c_{ij} = 1$ であり，他の i に対しては $c_{ij} = 0$ となっていることである．ところで，$B \in M_n$ だから

$$b_{ij} = \begin{cases} 1 & (i = i(j)) \\ 0 & (i \neq i(j)) \end{cases}$$

となる $i(j)$ が存在する．したがって

$$c_{ij} = a_{ii(j)} b_{i(j)j} = a_{ii(j)}$$

と書ける．ここで，j が固定されていることから $i(j)$ も固定されている．よって，$i = 1, \ldots, n$ と動かすと，ただ 1 つの i に対して $c_{ij} = 1$ となり，他の i に対しては $c_{ij} = 0$ となることがわかる．

(2) $A \in GL_n$ となる必要十分条件は A が正則行列であることである．したがって A の列ベクトルはすべて異ならねばならない．よって，A は各行各列に 1 が 1 つだけあって残りは 0 という行列になる．すなわち，ある置換 $\sigma \in \mathfrak{S}_n$ によって

$$A = (\delta_{i\sigma(j)})_{i,j=1,\ldots,n}$$

と書ける．いま，簡単のために
$$M(\sigma) = \delta_{i\sigma(j)}$$
とおくと，$M(\sigma)$ は 6.2 節に出てきた置換行列であり
$$M : \mathfrak{S}_n \to GL_n$$
は単射の群準同型写像になることがわかる．ところが，$\#\mathfrak{S}_n = n! = \#GL_n$ だから M は全射にもなり，結局 M は同型 $\mathfrak{S}_n \cong GL_n$ を与えることになる．

(3) $A \in M_n$, $B \in M_m$ に対して
$$A \otimes B \in M_{nm},$$
$$A \oplus B \in M_{n+m}$$
を示せばよいが，これは (1) のように各列の成分を見ることによって示せる（実際 (1) よりはずっと簡単である）．

さてこの M_n は，何となく $\mathrm{Mat}_n(K)$ を連想させないだろうか？ たしかに，$\mathrm{Mat}_n(K)$ も乗法に関してモノイドになっているのであった．ところで，$M_n = \mathrm{Mat}_n(K)$ となる K はあるだろうか？ そのためには
$$\#K = \#\mathrm{Mat}_1(K) = \#M_1 = 1$$
に注意すればよいであろう．つまり，K は "1 元体" $\mathbb{F}_1$ ということになる．このようにして
$$\begin{cases} \mathrm{Mat}_n(\mathbb{F}_1) = M_n \\ GL_n(\mathbb{F}_1) = GL_n \cong \mathfrak{S}_n \end{cases}$$
と考えたくなってくる．たとえば
$$GL_1(\mathbb{F}_1) = \{1\} \cong \mathfrak{S}_1,$$
$$GL_2(\mathbb{F}_1) = \left\{ \begin{pmatrix} 1 & 0 \\ 0 & 1 \end{pmatrix}, \begin{pmatrix} 0 & 1 \\ 1 & 0 \end{pmatrix} \right\} \cong \mathfrak{S}_2,$$
$$GL_3(\mathbb{F}_1) = \left\{ \begin{pmatrix} 1 & 0 & 0 \\ 0 & 1 & 0 \\ 0 & 0 & 1 \end{pmatrix}, \begin{pmatrix} 1 & 0 & 0 \\ 0 & 0 & 1 \\ 0 & 1 & 0 \end{pmatrix}, \begin{pmatrix} 0 & 1 & 0 \\ 1 & 0 & 0 \\ 0 & 0 & 1 \end{pmatrix}, \right.$$

$$\left.\begin{pmatrix} 0 & 0 & 1 \\ 1 & 0 & 0 \\ 0 & 1 & 0 \end{pmatrix}, \begin{pmatrix} 0 & 1 & 0 \\ 0 & 0 & 1 \\ 1 & 0 & 0 \end{pmatrix}, \begin{pmatrix} 0 & 0 & 1 \\ 0 & 1 & 0 \\ 1 & 0 & 0 \end{pmatrix}\right\} \cong \mathfrak{S}_3$$

である.ついでに,$SL_n(\mathbb{F}_1)$ は偶置換のなす n 次交代群 $\mathfrak{A}_n$ と考えたくなる.たとえば,

$$SL_1(\mathbb{F}_1) = \{1\} \cong \mathfrak{A}_1,$$

$$SL_2(\mathbb{F}_1) = \left\{\begin{pmatrix} 1 & 0 \\ 0 & 1 \end{pmatrix}\right\} \cong \mathfrak{A}_2,$$

$$SL_3(\mathbb{F}_1) = \left\{\begin{pmatrix} 1 & 0 & 0 \\ 0 & 1 & 0 \\ 0 & 0 & 1 \end{pmatrix}, \begin{pmatrix} 0 & 0 & 1 \\ 1 & 0 & 0 \\ 0 & 1 & 0 \end{pmatrix}, \begin{pmatrix} 0 & 1 & 0 \\ 0 & 0 & 1 \\ 1 & 0 & 0 \end{pmatrix}\right\} \cong \mathfrak{A}_3,$$

……．

さらに,テンソル積

$$\mathrm{Mat}_n(\mathbb{F}_1) \times \mathrm{Mat}_m(\mathbb{F}_1) \to \mathrm{Mat}_{nm}(\mathbb{F}_1)$$

は $\mathbb{F}_1$ 上のベクトル空間のテンソル積

$$\mathbb{F}_1^n \otimes_{\mathbb{F}_1} \mathbb{F}_1^m \cong \mathbb{F}_1^{nm}$$

に対応していると考えたい.どうしたらよいだろうか？

1つの案は次の基本的な四辺形を思い浮べることである：

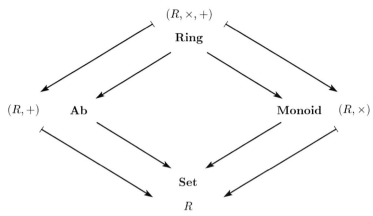

ここで

　Ring は環全体からなる圏

　Monoid はモノイド全体からなる圏

　Ab はアーベル群全体からなる圏

　Set は集合全体からなる圏

である．さらに，$(R,\times,+)$ は環，$(R,\times)$ は(加法を忘れた)乗法モノイド，$(R,+)$ は(乗法を忘れた)アーベル群，R は(演算を忘れた)集合を意味している．

その上で，先の四辺形を自然に考えられる次の四辺形

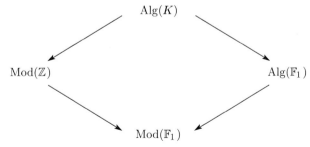

と同一視することにしよう．ただし，

　$\mathrm{Alg}(K)$ は K 代数全体からなる圏

　$\mathrm{Mod}(K)$ は K 加群全体からなる圏

である．こうすると，集合 X は X を基底とする $\mathbb{F}_1$ ベクトル空間 $\mathbb{F}_1^{(X)}$ に対応することになり，たとえば
$$\mathrm{Mat}_n(\mathbb{F}_1) = \mathrm{End}_{\mathrm{Mod}(\mathbb{F}_1)} \cong \mathrm{End}_{\mathbf{Set}}(\{1,\ldots,n\}) = M_n$$
$$GL_n(\mathbb{F}_1) = \mathrm{Aut}_{\mathrm{Mod}(\mathbb{F}_1)}(\mathbb{F}_1) \cong \mathrm{Aut}_{\mathbf{Set}}(\{1,\ldots,n\})$$
がわかるのである．なお，こうしてみると，いままで省略していた $\mathbb{F}_1$ 上の (m,n) 型行列は
$$\mathrm{Mat}_{m,n}(\mathbb{F}_1) = \mathrm{Hom}_{\mathrm{Mod}(\mathbb{F}_1)}(\mathbb{F}_1^n, \mathbb{F}_1^m) = \mathrm{Hom}_{\mathbf{Set}}(\{1,\ldots,n\},\{1,\ldots,m\})$$
となるので
$$M_{m,n} = \left\{ \begin{pmatrix} a_{11} & \cdots & a_{1n} \\ \vdots & & \vdots \\ a_{m1} & \cdots & a_{mn} \end{pmatrix} \middle| \text{各列の成分は 1 つだけ 1 で残りは 0} \right\}$$
と書けばよいことになる．

すべての集合 X が $\mathbb{F}_1$ ベクトル空間 $\mathbb{F}_1^{(X)}$ と同一視できることは，言い換えると，"すべてのものは(自動的に) $\mathbb{F}_1$ 線型である" と考えることに他ならない．この意味で，"$\mathbb{F}_1$ 線型性" は線型性を考慮しない(忘れる)と同時に，非線型性を積極的に扱おうという姿勢である点を強調しておきたい．

なお，等式
$$\mathbb{F}_1 = \mathrm{Mat}_1(\mathbb{F}_1) = M_1 = \{1\}$$
によって $\mathbb{F}_1$ を 1 だけからなるモノイド $\mathbb{F}_1 = \{1\}$ と考えることは具体性に優れているので勧めたい．そのときには
$$M_2 = \left\{ \begin{pmatrix} 1 & \\ & 1 \end{pmatrix}, \begin{pmatrix} 1 & 1 \\ & \end{pmatrix}, \begin{pmatrix} & 1 \\ 1 & \end{pmatrix}, \begin{pmatrix} & \\ 1 & 1 \end{pmatrix} \right\}$$
$$\supset S_2 = \left\{ \begin{pmatrix} 1 & \\ & 1 \end{pmatrix}, \begin{pmatrix} & 1 \\ 1 & \end{pmatrix} \right\}$$
のように 1 だけで書き 0 を書かないでおくと，より雰囲気が出るはずである．

問 7.2 $\zeta(s, \mathbb{Z} \otimes_{\mathbb{F}_1} \cdots \otimes \mathbb{Z})$ を問 6.2 と関連させて考えよ．

7.3 絶対微分

微分は数学になくてはならないものである．それは通常，次のように定義される．K が体(あるいは環)，A が K を含む環のとき，A の K 上の微分(derivation の意味であり，"導分" とも訳す)全体は

$$\mathrm{Der}_K(A) = \{\mathcal{D} : A \to A \mid \mathcal{D} \text{ はライプニッツ則をみたし}, K \text{ 線型}\}.$$

ここで，ライプニッツ則とは 7.1 節でも触れたように

$$\mathcal{D}(xy) = \mathcal{D}(x)y + x\mathcal{D}(y)$$

がすべての $x, y \in A$ に対して成り立つことを意味している．

たとえば，$K[T]$ を K 係数の 1 変数多項式環とすると

$$\mathrm{Der}_K(K[T]) = K[T]\frac{d}{dT}$$

であることがわかる．ただし，$\dfrac{d}{dT}$ は $f(T) = \sum_i c(i) T^i \in K[T]$ に対して

$$\frac{d}{dT} f(T) = \sum_i i c(i) T^{i-1} = f'(T)$$

で定義される(普通の)微分である．ここで，任意の微分 $\mathcal{D}$ が $\mathcal{D} = g(T)\dfrac{d}{dT}$ の形になることを見るには $f(T) = \sum_i c(i) T^i$ に対して

$$\mathcal{D}(f(T)) = \sum_i c(i) \mathcal{D}(T^i) \quad (\because K \text{ 線型性})$$

$$= \sum_i c(i) i T^{i-1} \mathcal{D}(T) \quad (\because \text{ライプニッツ則})$$

$$= f'(T) \mathcal{D}(T)$$

と書けることから，$g(T) = \mathcal{D}(T)$ と選べばよい．なお，ライプニッツ則から

$$\mathcal{D}(T^i) = i T^{i-1} \mathcal{D}(T)$$

となることを用いたが，このことは i についての帰納法により示される．

$$\mathcal{D}(T^i) = i T^{i-1} \mathcal{D}(T)$$

とすると

$$\mathcal{D}(T^{i+1}) = \mathcal{D}(T^i \cdot T)$$

$$= \mathcal{D}(T^i)T + T^i\mathcal{D}(T)$$
$$= iT^{i-1}\mathcal{D}(T)T + T^i\mathcal{D}(T)$$
$$= (i+1)T^i\mathcal{D}(T).$$

より一般に $K[T_1,\ldots,T_n]$ を n 変数の多項式環とすると

$$\mathrm{Der}_K(K[T_1,\ldots,T_n]) = K[T_1,\ldots,T_n]\frac{\partial}{\partial T_1} \oplus \cdots \oplus K[T_1,\ldots,T_n]\frac{\partial}{\partial T_n}$$

となることが，1変数の場合とまったく同様に，わかる．ただし，$\frac{\partial}{\partial T_j}$ は T_j についての偏微分であり

$$\frac{\partial}{\partial T_j}\left(\sum_{i_1,\ldots,i_n} c(i_1,\ldots,i_n)T_1^{i_1}\cdots T_n^{i_n}\right)$$
$$= \sum_{i_1,\ldots,i_n} c(i_1,\ldots,i_n) i_j T_1^{i_1}\cdots T_{j-1}^{i_{j-1}} T_j^{i_j-1} T_{j+1}^{i_{j+1}} \cdots T_n^{i_n}$$

と定義される．有名な交換子関係

$$\left[\frac{\partial}{\partial T_i}, T_j\right] = \delta_{ij}$$

が成り立っていることも注意しておこう．ここで

$$\left[\frac{\partial}{\partial T_i}, T_j\right] = \frac{\partial}{\partial T_i}\cdot T_j - T_j \cdot \frac{\partial}{\partial T_i}$$

であり，計算は 3.3 節と同じことで

$$\left[\frac{\partial}{\partial T_i}, T_j\right](f(T_1,\ldots,T_n))$$
$$= \frac{\partial}{\partial T_i}(T_j f(T_1,\ldots,T_n)) - T_j \frac{\partial}{\partial T_i}(f(T_1,\ldots,T_n))$$

とする．

さて，絶対微分を考えよう．7.2 節の様子を思い浮べると，A が環のとき

$$\mathrm{Der}_{\mathbb{F}_1}(A) = \{\mathcal{D}: A \to A \mid \mathcal{D} \text{ はライプニッツ則をみたす}\}$$

と考えればよいことがわかる．つまり，$\mathbb{F}_1$ 線型性は自動的に満たされていると思うのである．最も基本的な $A = \mathbb{Z}$ の場合を決定しておこう．

定理 7.2 (1) $\dfrac{\partial}{\partial p}(x) = \dfrac{x}{p}\mathrm{ord}_p(x)$ と定めると

$$\mathrm{Der}_{\mathbb{F}_1}(\mathbb{Z}) = \widehat{\bigoplus_{p:\text{素数}}} \mathbb{Z}\dfrac{\partial}{\partial p} = \left\{ \sum_p c_p \dfrac{\partial}{\partial p} \;\middle|\; c_p \in \mathbb{Z} \right\}.$$

(2) 素数 p, q に対して

$$\left[\dfrac{\partial}{\partial p}, q \right] = \delta_{pq}.$$

［証明］ (1) まず, $\dfrac{\partial}{\partial p} \in \mathrm{Der}_{\mathbb{F}_1}(\mathbb{Z})$ となること, つまり

$$\dfrac{\partial}{\partial p}(xy) = \dfrac{\partial}{\partial p}(x)y + x\dfrac{\partial}{\partial p}(y)$$

が成り立つことは

$$\begin{aligned}
\dfrac{\partial}{\partial p}(xy) &= \dfrac{xy}{p}\mathrm{ord}_p(xy) \\
&= \dfrac{xy}{p}(\mathrm{ord}_p(x) + \mathrm{ord}_p(y)) \\
&= \left(\dfrac{x}{p}\mathrm{ord}_p(x) \right) y + x \left(\dfrac{y}{p}\mathrm{ord}_p(y) \right) \\
&= \dfrac{\partial}{\partial p}(x)y + x\dfrac{\partial}{\partial p}(y)
\end{aligned}$$

とわかる. したがって $\mathrm{Der}_{\mathbb{F}_1}(\mathbb{Z}) \supset \widehat{\bigoplus_p} \mathbb{Z}\dfrac{\partial}{\partial p}$ が成り立つ. ただし, 任意の $c_p \in \mathbb{Z}$ に対して無限和 $\sum_p c_p \dfrac{\partial}{\partial p}$ が意味をもち $\mathrm{Der}_{\mathbb{F}_1}(\mathbb{Z})$ に属することは, 各 $x \in \mathbb{Z}$ に対して有限個の p を除いて $\dfrac{\partial}{\partial p}(x) = 0$ となり $\sum_p c_p \dfrac{\partial}{\partial p}(x)$ は有限和となることからわかる. よって

$$\mathrm{Der}_{\mathbb{F}_1}(\mathbb{Z}) \subset \widehat{\bigoplus_p} \mathbb{Z}\dfrac{\partial}{\partial p}$$

を示せばよい. それには $\mathcal{D} \in \mathrm{Der}_{\mathbb{F}_1}(\mathbb{Z})$ を任意にとったときに

$$\mathcal{D} = \sum_p \mathcal{D}(p)\dfrac{\partial}{\partial p}$$

と書けることをいえばよい. これをいうために, 絶対微分 $\mathcal{D}$ は素数におけ

る値 $\mathcal{D}(p)$ ($p = 2, 3, 5, \ldots$) によって決まることを見ておこう．まず $\mathcal{D}(0) = 0$, $\mathcal{D}(1) = 0$, $\mathcal{D}(-1) = 0$ であることはライプニッツ則を用いて次のようにわかる．

$$\mathcal{D}(0) = \mathcal{D}(0 \cdot 0) = \mathcal{D}(0) \cdot 0 + 0 \cdot \mathcal{D}(0) = 0,$$
$$\mathcal{D}(1) = \mathcal{D}(1 \cdot 1) = \mathcal{D}(1) \cdot 1 + 1 \cdot \mathcal{D}(1) = 2\mathcal{D}(1)$$

だから $\mathcal{D}(1) = 0$，さらに

$$\mathcal{D}((-1)(-1)) = \mathcal{D}(-1)(-1) + (-1)\mathcal{D}(-1)$$

において

$$\text{左辺} = \mathcal{D}(1) = 0,$$
$$\text{右辺} = -2\mathcal{D}(-1)$$

だから $\mathcal{D}(-1) = 0$ もわかる．そこで，$\mathcal{D}(p)$ ($p = 2, 3, 5, \ldots$) が与えられていたとすると，$i \geq 1$ に対して

$$\mathcal{D}(p^i) = i p^{i-1} \mathcal{D}(p)$$

が決まる．このことと素因数分解を用い，$\mathcal{D}(0) = \mathcal{D}(1) = \mathcal{D}(-1) = 0$ に注意すると，任意の $x \in \mathbb{Z}$ に対して $\mathcal{D}(x)$ が決まってしまうことがわかる．

さて，等式

$$\mathcal{D} = \sum_p \mathcal{D}(p) \frac{\partial}{\partial p}$$

を示そう．両辺ともに $\mathrm{Der}_{\mathbb{F}_1}(\mathbb{Z})$ の元であるから，すべての素数 q に対して

$$\mathcal{D}(q) = \left(\sum_p \mathcal{D}(p) \frac{\partial}{\partial p} \right)(q)$$

となることを見ればよい．ところが

$$\frac{\partial}{\partial p}(q) = \begin{cases} 1 & (p = q) \\ 0 & (p \neq q) \end{cases}$$

だから

$$\left(\sum_p \mathcal{D}(p) \frac{\partial}{\partial p} \right)(q) = \sum_p \mathcal{D}(p) \frac{\partial}{\partial p}(q) = \mathcal{D}(q)$$

が確かに成り立つ．

(2) 実際に計算してみると

$$\left[\frac{\partial}{\partial p}, q\right](x) = \frac{\partial}{\partial p}(qx) - q\frac{\partial}{\partial p}(x)$$
$$= \left(\frac{\partial}{\partial p}(q)x + q\frac{\partial}{\partial p}(x)\right) - q\frac{\partial}{\partial p}(x) = \frac{\partial}{\partial p}(q)x$$

において $\frac{\partial}{\partial p}(q) = \delta_{pq}$ であるから成立する.

このようにして $\mathrm{Der}_{\mathbb{F}_1}(\mathbb{Z})$ が求まり,同時に,$\frac{\partial}{\partial p}$ が基本的な微分であることがわかった.練習のために

$$\mathcal{R} = \sum_p \frac{\partial}{\partial p}$$

および

$$\mathcal{E} = \sum_p p\frac{\partial}{\partial p}$$

を $\mathbb{Z}$ に作用させる計算をして見てほしい.また,$\mathbb{Z}$ を他の環にした場合も考えて見てほしい.

さて,$\mathrm{Der}_{\mathbb{F}_1}(\mathbb{Z})$ の双対 $\mathrm{Hom}_{\mathbb{Z}}(\mathrm{Der}_{\mathbb{F}_1}(\mathbb{Z}),\mathbb{Z})$ は 1 次元絶対コホモロジー $H^1_{\mathbb{F}_1}(\mathbb{Z})$ と考えられる.これは,$\{\frac{\partial}{\partial p} \mid p \text{ は素数}\}$ の "双対基底" $\{d(p) \mid p \text{ は素数}\}$ を用いて

$$H^1_{\mathbb{F}_1}(\mathbb{Z}) = \bigoplus_p \mathbb{Z}d(p)$$

という直和になる.ただし,$d(p)$ は

$$d(p)\left(\frac{\partial}{\partial q}\right) = \begin{cases} 1 & (p = q) \\ 0 & (p \neq q) \end{cases}$$

と定義されるものである.絶対コホモロジーはゼータの行列式表示の場を与えると期待される.

7.4 絶対カシミール元

絶対カシミール元はどう考えたらよいだろうか? 思いつくことは,次の

対応表(表 7.2)を埋めることであろう.

表 7.2

リー環 $\mathfrak{g}$	絶対リー環
カシミール元 $\mathcal{C}_{\mathfrak{g}}$	絶対カシミール元

しかし,絶対リー環を $\mathbb{F}_1$ 上のリー環として一般的に扱うことは,まだ難しそうに見える.そこで,前節で見た絶対微分を手がかりにしよう.

そのためにまず,K 代数 A の K 微分全体 $\mathrm{Der}_K(A)$ は重要なリー環であることを説明したい.これは,リーが彼の理論を考え出したときに念頭にあった "リー環" でもある.改めて書いておこう:

$\mathfrak{g} = \mathrm{Der}_K(A) = \{\mathcal{D} : A \to A \mid \mathcal{D}$ はライプニッツ則をみたし,K 線型$\}$.

このとき,2 元 $\mathcal{D}_1, \mathcal{D}_2 \in \mathfrak{g}$ に対して交換子

$$[\mathcal{D}_1, \mathcal{D}_2] = \mathcal{D}_1\mathcal{D}_2 - \mathcal{D}_2\mathcal{D}_1$$

は,やはり $\mathfrak{g}$ の元になることが次のようにわかる.ただし,

$$\mathfrak{g} = \mathrm{Der}_K(A) \subset \mathrm{End}_K(A) = \{\varphi : A \to A \mid K \text{ 線型写像}\}$$

と埋め込み,$\mathcal{D}_1\mathcal{D}_2, \mathcal{D}_2\mathcal{D}_1, \mathcal{D}_1\mathcal{D}_2 - \mathcal{D}_2\mathcal{D}_1$ は $\mathrm{End}_K(A)$ の元と見るのである.もちろん,$\mathcal{D}_1\mathcal{D}_2, \mathcal{D}_2\mathcal{D}_1 \notin \mathfrak{g}$ であることにも注意したい.

さてそうすると,$[\mathcal{D}_1, \mathcal{D}_2]$ は K 線型であり,

$$\begin{aligned}
[\mathcal{D}_1, \mathcal{D}_2](xy) &= (\mathcal{D}_1\mathcal{D}_2)(xy) - (\mathcal{D}_2\mathcal{D}_1)(xy) \\
&= \mathcal{D}_1\left(\mathcal{D}_2(xy)\right) - \mathcal{D}_2\left(\mathcal{D}_1(xy)\right) \\
&= \mathcal{D}_1\left(\mathcal{D}_2(x)y + x\mathcal{D}_2(y)\right) - \mathcal{D}_2\left(\mathcal{D}_1(x)y + x\mathcal{D}_1(y)\right) \\
&= \mathcal{D}_1\left(\mathcal{D}_2(x)\right)y + \mathcal{D}_2(x)\mathcal{D}_1(y) + \mathcal{D}_1(x)\mathcal{D}_2(y) + x\mathcal{D}_1\left(\mathcal{D}_2(y)\right) \\
&\quad - \mathcal{D}_2\left(\mathcal{D}_1(x)\right)y - \mathcal{D}_1(x)\mathcal{D}_2(y) - \mathcal{D}_2(x)\mathcal{D}_1(y) - x\mathcal{D}_2\left(\mathcal{D}_1(y)\right) \\
&= (\mathcal{D}_1\mathcal{D}_2 - \mathcal{D}_2\mathcal{D}_1)(x)y + x\left(\mathcal{D}_1\mathcal{D}_2 - \mathcal{D}_2\mathcal{D}_1\right)(y) \\
&= [\mathcal{D}_1, \mathcal{D}_2](x)y + x[\mathcal{D}_1, \mathcal{D}_2](y)
\end{aligned}$$

となるから,

$$[\mathcal{D}_1, \mathcal{D}_2] \in \mathfrak{g} = \mathrm{Der}_K(A)$$

であることがいえた.$\mathrm{End}_K(A)$ は環であるから,3.1 節のようにヤコビ律も確かめられて $\mathrm{Der}_K(A)$ がリー環になることがわかる.

この型のリー環は重要なリー環であることは昔から認識されてはいた．それをわかってもらうには，C^∞ 多様体 M に対して $C^\infty(M)$ を無限回微分可能な複素数値関数全体のなす $\mathbb{C}$ 代数とすると，$\mathrm{Der}_\mathbb{C}(C^\infty(M))$ は

$$\mathrm{Der}_\mathbb{C}(C^\infty(M)) \cong \mathfrak{X}(M)$$

となり，M 上のベクトル場全体のなすリー環 $\mathfrak{X}(M)$ という M にとって最も基本的なリー環と同一視することができることを記せば十分であろう．さらには，体や環の拡大の理論に使われることも付記しておこう．

ところがリー環 $\mathrm{Der}_K(A)$ は，ほとんどの場合 K 上無限次元リー環になってしまうため，通常のリー環論では扱われないのである．いま，$A = K[T]$ という簡単な場合を見てみよう．このときは前節で示したように

$$\mathrm{Der}_K(K[T]) = K[T]\frac{d}{dT}$$

となるが，これは K 上のリー環としては

$$\mathrm{Der}_K(K[T]) = \bigoplus_{m=0}^{\infty} KT^m \frac{d}{dT}$$

からわかるように

$$\left\{ T^m \frac{d}{dT} \,\middle|\, m = 0, 1, 2, \ldots \right\}$$

を基底とする無限次元リー環になっている．まったく同様に，n 変数の多項式環に対しても

$$\mathrm{Der}_K(K[T_1, T_2, \ldots, T_n])$$
$$= K[T_1, \ldots, T_n]\frac{\partial}{\partial T_1} \oplus \cdots \oplus K[T_1, \ldots, T_n]\frac{\partial}{\partial T_n}$$
$$= \left(\bigoplus_{m_i \geq 0} KT_1^{m_1} \cdots T_n^{m_n} \frac{\partial}{\partial T_1} \right) \oplus \cdots \oplus \left(\bigoplus_{m_i \geq 0} KT_1^{m_1} \cdots T_n^{m_n} \frac{\partial}{\partial T_n} \right)$$

となり，やはり K 上の無限次元リー環である．なお，リー環に対応するリー群は無限次元の場合には色々と難しい問題が生じるのであるが，リー環 $\mathrm{Der}_K(A)$ に対応するリー群は K 上の自己同型群

$$\mathrm{Aut}_K(A) = \left\{ \sigma : A \to A \,\middle|\, \begin{array}{l} \sigma \text{ は } \sigma(xy) = \sigma(x)\sigma(y), \sigma(1) = 1 \\ \text{を満たす } K \text{ 線型な全単射写像} \end{array} \right\}$$

と考えるのが標準的である．さらに，指数写像

$$\begin{array}{ccc} \exp: & \mathrm{Der}_K(A) & \longrightarrow & \mathrm{Aut}_K(A) \\ & \cup & & \cup \\ & \mathcal{D} & \longmapsto & \exp(\mathcal{D}) \end{array}$$

が意味付けられることが多い．ただし，$\sigma = \exp(\mathcal{D})$ は

$$\sigma(x) = \sum_{m=0}^{\infty} \frac{\mathcal{D}^m(x)}{m!}$$
$$= x + \mathcal{D}(x) + \frac{1}{2}\mathcal{D}^2(x) + \frac{1}{6}\mathcal{D}^3(x) + \cdots$$

と決められたものであるが，一般には無限和だから意味付けには注意が必要であり，制限が課されることもある．しかし，形式的に計算すれば，

$$\sigma(xy) = \sum_{m=0}^{\infty} \frac{\mathcal{D}^m(xy)}{m!}$$
$$= \left(\sum_{\ell=0}^{\infty} \frac{\mathcal{D}^\ell(x)}{\ell!} \right) \left(\sum_{k=0}^{\infty} \frac{\mathcal{D}^k(y)}{k!} \right)$$
$$= \sigma(x)\sigma(y)$$

となり，K 上の準同型を与えることは見やすい．ここで，第 2 行から第 3 行への計算では，ライプニッツ則と K 線型性を繰り返し使って得られる関係式

$$\mathcal{D}^m(xy) = \sum_{\ell=0}^{m} \binom{m}{\ell} \mathcal{D}^\ell(x) \mathcal{D}^{m-\ell}(y)$$

を用いている．指数関数の公式

$$e^{a+b} = \sum_{m=0}^{\infty} \frac{(a+b)^m}{m!}$$
$$= \left(\sum_{\ell=0}^{\infty} \frac{a^\ell}{\ell!} \right) \left(\sum_{k=0}^{\infty} \frac{b^k}{k!} \right) = e^a e^b$$

を証明したときと似ていることに気付かれたと思う．そのときは 2 項定理

$$(a+b)^m = \sum_{\ell=0}^{m} \binom{m}{\ell} a^\ell b^{m-\ell}$$

7.4 絶対カシミール元

を使ったのだった．似ているだけではなく，実際，

$$A = \mathbb{C}[T],\ \mathcal{D} = T\frac{d}{dT},\ \sigma = \exp(\mathcal{D}),\ x = T^a,\ y = T^b$$

をとってみると $\sigma(xy) = \sigma(x)\sigma(y)$ は $e^{a+b} = e^a e^b$ と同値であることが $\sigma(f(T)) = f(eT)$ からすぐわかる．なお，$\sigma = \exp(\mathcal{D})$ の具体的な例としては，K が $\mathbb{Q}$ を含む環，$A = K[T_1,\ldots,T_n]$, $\mathcal{D} = \varepsilon\dfrac{\partial}{\partial T_i}$ ($\varepsilon \in K$) のときに

$$\sigma(f(T_1,\ldots,T_n)) = \sum_{m=0}^{\infty}\frac{1}{m!}\varepsilon^m\frac{\partial^m}{\partial T_i^m}f(T_1,\ldots,T_n)$$
$$= f(T_1,\ldots,T_{i-1},T_i+\varepsilon,T_{i+1},\ldots,T_n)$$

となっていることを確認しておくと，テイラー展開を見直すことにも役に立つであろう．この計算の実質的な部分は

$$\sum_{m=0}^{\infty}\frac{1}{m!}\varepsilon^m\frac{\partial^m}{\partial T_i^m}T_i^s$$
$$= \sum_{m=0}^{s}\frac{\varepsilon^m}{m!}s(s-1)\cdots(s-m+1)T_i^{s-m}$$
$$= \sum_{m=0}^{s}\binom{s}{m}\varepsilon^m T_i^{s-m}$$
$$= (T_i+\varepsilon)^s$$

となることである．

さて，長い間，研究が手付かずになっていた無限次元リー環であるが，20世紀も末に向かう頃急激な進展を見た．次の3冊の本は，研究の中心者たちによって書かれた代表的なものである：

A. N. Pressley and G. B. Segal: "Loop Groups and their Representations", Oxford University Press, 1985

V. Kac: "Infinite Dimensional Lie Algebras"(Third Edition), Cambridge University Press, 1990

脇本 実『無限次元 Lie 環』，岩波書店，1999.

これらのいずれの本にも，無限次元リー環のカシミール元の豊かな応用が展開されている．ただし，注意すべきは，カシミール元は通常通り "2次の中

心元"を目指してはいるものの，それらが無限和になっているため様々な困難を克服しなければならない点である．無限次元のときには，カシミール元がもともとの展開環の中に見当たらないことさえ起こり得ることも覚悟せねばならないのである．なお，無限次元リー環の中でも $\mathrm{Der}_K(K[T])$ は "ヴィラソロ型" と呼ばれるものの基点となる特に重要なリー環であることも，これらの本で見てほしい．

さて，この辺で原点に戻ろう．A を環とする．いままでの話からすると次の対応関係が自然に考えられよう (表 7.3)．

表 7.3

リー環 $\mathrm{Der}_K(A)$	絶対リー環 $\mathrm{Der}_{\mathbb{F}_1}(A)$
リー群 $\mathrm{Aut}_K(A)$	絶対リー群 $\mathrm{Aut}_{\mathbb{F}_1}(A)$
カシミール元 $\mathcal{C}$	絶対カシミール元 $\mathcal{C}^{\mathrm{abs}}$

ここで，
$$\mathrm{Aut}_{\mathbb{F}_1}(A) = \left\{ \sigma : A \to A \;\middle|\; \begin{array}{l} \sigma \text{ は } \sigma(xy) = \sigma(x)\sigma(y), \sigma(1) = 1 \\ \text{を満たす全単射写像} \end{array} \right\}$$

である．たとえば
$$\mathrm{Aut}_{\mathbb{F}_1}(\mathbb{Z}) \cong \mathrm{Aut}(\mathbb{P}) \cong \mathfrak{S}_\infty$$
となる．ただし，$\mathbb{P} = \{2, 3, 5, 7, 11, \ldots\}$ は素数全体の集合であり，$\mathrm{Aut}(\mathbb{P})$ はその対称群である．

上記の対応表に属する
$$\mathrm{Der}_{\mathbb{C}}(\mathbb{C}[T]) = \bigoplus_{m=0}^{\infty} \mathbb{C} T^m \frac{d}{dT}$$
や
$$\mathrm{Der}_{\mathbb{F}_1}(\mathbb{Z}) = \widehat{\bigoplus_p} \mathbb{Z} \frac{\partial}{\partial p} \subset \mathrm{End}_{\mathbb{F}_1}(\mathbb{Z})$$
などは，そのままでは無限次元で難しいものであるが，"有限次元部分リー環"には扱いやすいものがある．第 3 章で詳しく調べた $\mathfrak{sl}_2$ 型のリー環を別の方角から見てみよう．

定理 7.3 (1) $\mathrm{Der}_{\mathbb{C}}(\mathbb{C}[T])$ の部分集合

$$\mathfrak{g} = \mathbb{C}\frac{d}{dT} \oplus \mathbb{C}T\frac{d}{dT} \oplus \mathbb{C}T^2\frac{d}{dT}$$

はリーブラケットに関して閉じていて $\mathfrak{sl}_2(\mathbb{C})$ と同型なリー環になる．さらに

$$\mathfrak{g} \longrightarrow \mathrm{End}_{\mathbb{C}}(\mathbb{C}[T])$$

はリー環の表現になっていて，そこにおけるカシミール作用素は 0 である．

(2) $\mathrm{Der}_{\mathbb{F}_1}(\mathbb{Z})$ の部分集合

$$\mathfrak{g}_p = \left\{\pm 2^m \frac{\partial}{\partial p},\ \pm 2^m p \frac{\partial}{\partial p},\ \pm 2^m p^2 \frac{\partial}{\partial p} \ \Big|\ m = 0, 1, 2, \ldots \right\} \cup \{0\}$$

を考える．ただし，p は奇素数とする．この $\mathfrak{g}_p$ はリーブラケットで閉じている．さらに表現

$$\mathfrak{g}_p \longrightarrow \mathrm{End}_{\mathbb{F}_1}(\mathbb{Z})$$

に付随する絶対カシミール作用素は 0 となる．

(3) ガウスの整数環

$$\mathbb{Z}[i] = \{m + ni \mid m, n \in \mathbb{Z}\} \qquad (i = \sqrt{-1})$$

の奇素元 π に対して，$\mathrm{Der}_{\mathbb{F}_1}(\mathbb{Z}[i])$ の部分集合

$$\mathfrak{g}_\pi = \left\{u 2^m \frac{\partial}{\partial \pi},\ u 2^m \pi \frac{\partial}{\partial \pi},\ u 2^m \pi^2 \frac{\partial}{\partial \pi} \ \bigg|\ \begin{matrix} m = 0, 1, 2, \ldots \\ u = \pm 1, \pm i \end{matrix} \right\} \cup \{0\}$$

はリーブラケットで閉じていて，表現

$$\mathfrak{g}_\pi \longrightarrow \mathrm{End}_{\mathbb{F}_1}(\mathbb{Z}[i])$$

に付随する絶対カシミール作用素は 0 である．

［証明］(1) 3.1 節のように

$$h = \begin{pmatrix} 1 & 0 \\ 0 & -1 \end{pmatrix}, \quad e = \begin{pmatrix} 0 & 1 \\ 0 & 0 \end{pmatrix}, \quad f = \begin{pmatrix} 0 & 0 \\ 1 & 0 \end{pmatrix}$$

とおくと，

$$\mathfrak{sl}_2(\mathbb{C}) = \{X \in \mathrm{Mat}_2(\mathbb{C}) \mid \mathrm{tr}(X) = 0\}$$
$$= \mathbb{C}h \oplus \mathbb{C}e \oplus \mathbb{C}f$$

であり，リーブラケットは

$$[h, e] = 2e, \quad [h, f] = -2f, \quad [e, f] = h$$

となる．いま，$\dfrac{\partial}{\partial T}$ を ∂ と略記し，$H, E, F \in \mathfrak{g}$ を
$$H = 2T\partial, \quad E = -T^2\partial, \quad F = \partial$$
と取ろう．すると
$$\mathfrak{g} = \mathbb{C}H \oplus \mathbb{C}E \oplus \mathbb{C}F$$
であり，簡単な計算から
$$[H, E] = 2E, \quad [H, F] = -2F, \quad [E, F] = H$$
がわかる．たとえば，$[H, E]$ を計算するには
$$\begin{aligned}[H, E] &= HE - EH \\ &= -2\{(T\partial)(T^2\partial) - (T^2\partial)(T\partial)\} \\ &= -2\{T(\partial T^2)\partial - T^2(\partial T)\partial\} \\ &= -2\{T(T^2\partial + 2T)\partial - T^2(T\partial + 1)\partial\} \\ &= -2T^2\partial \\ &= 2E\end{aligned}$$
というようにする．ただし，$\partial T = T\partial + 1$ や $\partial T^2 = T^2\partial + 2T$，つまり $[\partial, T] = 1$ や $[\partial, T^2] = 2T$ などを用いている．これから，$\mathfrak{g}$ はリーブラケットで閉じていること，さらに $\mathfrak{g}$ が $\mathfrak{sl}_2(\mathbb{C})$ と同型なリー環となることがわかる．また，表現
$$\rho: \mathfrak{g} \longrightarrow \mathrm{End}_{\mathbb{C}}(\mathbb{C}[T])$$
におけるカシミール作用素 $\rho(\mathcal{C}_{\mathfrak{sl}_2})$ は 3.2 節の計算から
$$\rho(\mathcal{C}_{\mathfrak{sl}_2}) = \frac{1}{2}H^2 + EF + FE$$
であり
$$\rho(\mathcal{C}_{\mathfrak{sl}_2}) = 2(T\partial)^2 - (T^2\partial)\partial - \partial(T^2\partial)$$
となる．ここで
$$\begin{aligned}(T\partial)^2 &= (T\partial)(T\partial) = T(\partial T)\partial = T(T\partial + 1)\partial = T^2\partial^2 + T\partial, \\ \partial(T^2\partial) &= (\partial T^2)\partial = (T^2\partial + 2T)\partial = T^2\partial^2 + 2T\partial\end{aligned}$$
であるから
$$\rho(\mathcal{C}_{\mathfrak{sl}_2}) = 0$$
とわかる．

(2), (3) は (1) とまったく同様の計算である．使うことは $\left[\dfrac{\partial}{\partial p}, p\right] = 1$ や $\left[\dfrac{\partial}{\partial p}, p^2\right] = 2p$ などである．ただし，(3) においては

$$\mathrm{Der}_{\mathbb{F}_1}(\mathbb{Z}[i]) = \widehat{\bigoplus_{\pi}} \mathbb{Z}[i]\dfrac{\partial}{\partial \pi}$$

となることに注意しておこう．ここで，π は $\mathbb{Z}[i]$ の素元の代表系(それを固定する)を動き，

$$\dfrac{\partial}{\partial \pi}(x) = \dfrac{x}{\pi} \cdot \mathrm{ord}_\pi(x)$$

である．

さて，このように考えてくると，リー環をこえた無限次元の絶対リー環

$$\mathrm{Der}_{\mathbb{F}_1}(\mathbb{Z}) = \widehat{\bigoplus_{p}} \mathbb{Z}\dfrac{\partial}{\partial p}$$

の絶対カシミール元 $\mathcal{C}^{\mathrm{abs}}$ としては必然的に

$$\mathcal{C}^{\mathrm{abs}} = \sum_{p,q:\text{素数}} c_{pq} \dfrac{\partial^2}{\partial p \partial q} \quad (c_{pq} \in \mathbb{Z})$$

型の無限和やその拡張も考えざるを得なくなることがわかる．状況をより明らかにするには

$$\mathbb{Z} = \mathbb{F}_1[2, 3, 5, 7, 11, \ldots]$$

と書いてみると

$$\mathrm{Der}_{\mathbb{F}_1}(\mathbb{Z}) = \mathrm{Der}_{\mathbb{F}_1}(\mathbb{F}_1[2, 3, 5, 7, 11, \ldots])$$
$$= \widehat{\bigoplus_{p}} \mathbb{F}_1[2, 3, 5, 7, 11, \ldots]\dfrac{\partial}{\partial p}$$

となり，

$$\mathrm{Der}_K(K[T_1, T_2, T_3, \ldots]) = \widehat{\bigoplus_{i}} K[T_1, T_2, T_3, \ldots]\dfrac{\partial}{\partial T_i}$$

という無限多変数の場合に類似していることがわかるであろう．残念ながら，これは無限次元リー環論としても未解明の領域である．

そこで，ここに踏み入る代りに，研究課題を 3 つ提起しておこう．

研究問題 A $\mathcal{C}$ はどのようなときに中心元となるのかを研究せよ．それは，

Aut($\mathbb{P}$) からはどのように捉えられるだろうか？

研究問題 B　絶対カシミール元を用いて絶対セルバーグゼータ関数の行列式表示を研究せよ．

研究問題 C　絶対カシミール元を用いてリーマンゼータ関数の行列式表示を研究せよ．

これらの問題の重要性はすでに十分わかっていただけたものと思う．新天地を開拓する読者からの吉報を待ちたい．

付録　カシミールの論文

A.1　微分方程式に附随する半単純連続群の既約表現の構成について

Mathematics.——*Ueber die Konstruction einer zu den irreduzibelen Darstellungen halbeinfacher kontinuierlicher Gruppen gehörigen Differentialgleichung.* VON H. CASIMIR. (Communicated by Prof. P. Ehrenfest at the meeting of June 27, 1931.)

　量子力学において，次の結果が得られている．3次元回転群の既約表現の行列要素は，ある2階の自己共役な微分作用素——つまりシュレディンガー作用素——の固有関数である．この論文の目的は，すべての半単純連続（コンパクト[†]）群に関して，同様に定義される微分作用素の固有関数がその既約表現の行列要素で表されることを示すことである．また，証明は主な部分だけを述べることにする．

準備

　$\mathfrak{G}$ を閉[†]，単連結，r-パラメータの半単純リー群とする．このとき，単位元 E の近傍 U は r 次元ユークリッド空間のある開部分集合の上へ連続的に移される．U の元は r 個のパラメータ $\varphi^1, \ldots, \varphi^r$ で表すことができる．単位元において $\varphi^1 = \cdots = \varphi^r = 0$ と仮定してよい．次の性質をみたす開部分集合 $U^\star \subset U$ が存在する：$S(\varphi) \subset U^\star$, $S(\varphi') \subset U^\star$ ならば，積 $S(\varphi') \cdot S(\varphi) = S(\varphi^\star)$ について $S(\varphi^\star) \subset U$ である．そして，このとき

---

† ［訳註］ $\mathfrak{G}$ はコンパクト．

(1) $$\varphi^{*\lambda} = g^\lambda(\varphi', \varphi)$$

(g^λ は微分可能)と書ける[††].

パラメータに関して次が成立する(第1基本定理):

$$\frac{\partial \varphi^{*\lambda}}{\partial \varphi'^\rho} = d_\mu^\lambda(\varphi^\star) \cdot c_\rho^\mu(\varphi')$$

δS を,無限小パラメータ $\delta \varphi^\mu$ に関する元とすると

(2) $$\delta S \cdot S(\varphi) = S(\varphi^\lambda + d_\mu^\lambda(\varphi) \cdot \delta\varphi^\mu)$$

となる.

また,微分作用素 $D_\mu = -d_\mu^\lambda(\varphi) \cdot \dfrac{\partial}{\partial \varphi^\lambda}$ に対して,次が成り立つ(第2基本定理):

$$D_\mu D_\nu - D_\nu D_\mu = c_{\mu\nu}^\lambda D_\lambda.$$

半単純性の必要十分条件は,

$$g_{\lambda\mu} = c_{\lambda\rho}^\sigma c_{\mu\sigma}^\rho$$

が非退化なことであった.したがって,$g_{\lambda\mu}$ の逆行列 $g^{\lambda\mu}$ が存在する.

定理1 微分作用素 $H = h^{\lambda\mu} D_\lambda D_\mu$ がすべての D_ρ と可換とする.このとき,既約表現の行列要素は H の固有関数である.

[証明] $P(\varphi)$ を既約行列表現の要素,M_λ を無限小要素とする. (2) より

$$(1 + \delta\varphi^\lambda M_\lambda) P(\varphi^\rho) = P(\varphi^\rho + d_\mu^\rho(\varphi)\delta\varphi^\mu).$$

したがって,行列要素について次が成立する:

$$-D_\lambda P_{sr}(\varphi^\lambda) = \sum_t (M_\lambda)_{st} P_{tr}(\varphi^\lambda);$$

このことから,

$$H P_{sr} = \sum_t (h^{\lambda\mu} M_\lambda M_\mu)_{st} P_{tr}$$

がわかる.$h^{\lambda\mu} M_\lambda M_\mu$ はすべての M_ρ と可換であるので,バーンサイドの定理より

$$h^{\lambda\mu} M_\lambda M_\mu = \lambda \cdot 1.$$

---

†† [訳註] "*" と前ページの "⋆" は,おそらく印刷上混同されたものであろう

したがって，
$$HP_{sr} = \lambda P_{sr}.$$

定理 2 作用素 $G = g^{\lambda\mu}D_\lambda D_\mu$ はすべての D_ρ と可換である．

この証明は，次のことから得られる．

1° $g^{\lambda\mu}$ の不変性は $c_{\lambda\mu}^\nu$ のそれから従う．

2° $D_\rho^* = (1 + \varepsilon^\lambda D_\lambda)D_\rho(1 - \varepsilon^\lambda D_\lambda)$ (ε^λ は無限小定数) とおくと，関係式 $D_\mu^* D_\nu^* - D_\nu^* D_\mu^* = c_{\mu\nu}^\lambda D_\lambda^*$ (すべての $c_{\mu\nu}^\lambda$) が成り立つ．

体積要素が変換群で不変なことを用いて，次を示すのは容易である．

定理 3 G は自己共役である．

群の位相構造についての仮定から以下が成立する：

a. 固有関数たちは完全直交系をなす．

b. 各固有値に対する固有空間は有限次元である．

定理 4 作用素 G の固有関数は，既約表現の行列要素の 1 次結合である．

[証明] $f(\varphi)$ を固有関数とする．変換関数 $T_{\varphi'}f$ を次の性質をもつ関数として定義する：
$$T_{\varphi'}f(\varphi^\star) = f(\varphi).$$
ただし，$\varphi^\star, \varphi', \varphi$ は (1) による．無限小 δT に関して
$$\delta T f = (1 + \delta\varphi^\lambda D_\lambda)f$$
である．G はすべての D_λ と可換であるので，次が成り立つ：$\delta T f$ は f と同じ固有値の固有関数である．各無限小変換に対して成り立つので，このことは大域的変換についても成り立つ：$T_{\varphi'}f$ も f と同じ固有値の固有関数である．各固有値に対して有限個の 1 次独立な固有関数が存在するので，ユニタリ内積に関して，正規化された互いに直交する固有関数 f_n を基底として取り，$T_{\varphi'}f$ を f_n たちで表すことができる．したがって，
$$T_{\varphi'}f_n(\varphi^\star) = f_n(\varphi) = \sum_m R_{mn}(\varphi')f_m(\varphi^\star)$$
が成り立つ．ただし，$R(\varphi')$ は群の表現である．関数系 f_n を適当に選ぶことにより，次のように表すことができる：

$$f_n(\varphi) = \sum_m P_{mn}(\varphi')f_m(\varphi^\star)$$
$$f_m(\varphi^\star) = \sum_n \bar{P}_{mn}(\varphi')f_n(\varphi).$$

$\varphi = 0$ とすると $\varphi^\star = \varphi'$ だから,

$$f_m(\varphi') = \sum_n \bar{P}_{mn}(\varphi')f_n(0)$$

となる. $\{\bar{P}_{mn}\}$ も表現を定めるから, これで定理が証明された. ∎

以上の考察から,

完全性定理 行列要素はユニタリ直交であり, 完全直交系をなす.

この定理は, 行列要素がみたす積分方程式を用いて PETER と WEYL によっても証明されている[1].

拡張[2] 条件を満たす任意の多様体の変換から, 群 $\mathfrak{G}$ の表現が得られ, 同様の方法で議論を展開することができる. つまり D_λ と類似の U_λ が存在して, $K = g^{\lambda\mu}U_\lambda U_\mu$ はすべての U_ρ と可換である. よって, 固有関数は完全直交系をなし, それらは変換群の既約表現の行列要素から得られる.

このような直交系はすでに別の方法で CARTAN により得られている[3].

---

1) F. PETER and H. WEYL, Math. Ann., **97**, 1927, 737.
2) Den Hinweis auf die Möglichkeit dieser Erweiterung verdanke ich einer brieflichen Bemerkung Herrn Prof. WEYLS.
3) E.CARTAN, Rend. Circ. Mat. Palermo, **53** (1929)

A.2　完全伝導体で出来た 2 枚の板の間に働く引力について

Mathematics.——*On the attraction between two perfectly conducting plates.* By H. B. G. CASIMIR. (Communicated at the meeting of May 29, 1948.)

Polder と Casimir の最近の論文[1])において，金属板と 1 個の静的極性 α の原子または分子の間の相互作用が，距離 R が大きいときの極限で

$$\delta E = -\frac{3}{8\pi}\hbar c \frac{\alpha}{R^4}$$

となることが示されている．同時に，静的極性が α_1 と α_2 の 2 個の微粒子の間の相互作用が，同じ極限で，

$$\delta E = -\frac{23}{4\pi}\hbar c \frac{\alpha_1 \alpha_2}{R^7}$$

となることも示されている．これらの公式は，始点と遅延効果の修正としてよく知られている van der Waals-London 力を用いることによって得られる．"Colloque sur la théorie de la liaison chimique"（Paris, 12-17 April, 1948）において著者は，これらの公式が古典的電磁気学による電磁気的零点エネルギーの変化を調べることにより導くことができることを示した．本論文では 2 枚の金属板の間の相互作用について，これと同じ方法を当てはめてみる．完全伝導壁で囲まれた体積 L^3 の立方体の空洞を考え，1 辺の長さが L の正方形の金属板を xy 平面と平行に配置する．そこでこの金属板が xy 平面から小さい距離 a にある状況と，非常に大きい距離（たとえば $\frac{L}{2}$）にある 2 つの状況を比較しよう．どちらの場合も表示式 $\frac{1}{2}\sum \hbar\omega$（ここで和はすべての可能な空洞の共鳴振動数をわたる）は発散していて，そのままでは物理的意味が欠落して

---

[1] H. B. G. Casimir and D. Polder, Phys. Rev., **73**, 360 (1948).

いる．しかし2つの状況を比較して，その差 $\left(\frac{1}{2}\sum \hbar\omega\right)_I - \left(\frac{1}{2}\sum \hbar\omega\right)_{II}$ を考えると，これは well-defined な値をとることがわかり，結局それは金属板と xy 平面の間の相互作用として解釈される．

領域
$$0 \leq x \leq L, \quad 0 \leq y \leq L, \quad 0 \leq z \leq a$$
で定義された空洞での，定常波がとりうる振動数の波数は
$$k_x = \frac{\pi}{L}n_x, \quad k_y = \frac{\pi}{L}n_y, \quad k_z = \frac{\pi}{a}n_z$$
である．ここで n_x, n_y, n_z は自然数である．いま
$$k = \sqrt{k_x^2 + k_y^2 + k_z^2} = \sqrt{\kappa^2 + k_z^2}$$
とおく．どの n_i も0でないとき，各 k_x, k_y, k_z に対して2つの定常波が対応する．ちょうど1個の n_i だけが0のときには，対応する定常波は1つである．L が十分大きいため k_x と k_y は連続変数とみなせるから，k_x と k_y についてはこのことは考慮しなくてよい．したがって次式を得る．
$$\frac{1}{2}\sum \hbar\omega = \hbar c \frac{L^2}{\pi^2} \int_0^\infty \int_0^\infty \left(\frac{1}{2}\sqrt{k_x^2 + k_y^2} + \sum_{n=1}^\infty \sqrt{n^2 \frac{\pi^2}{a^2} + k_x^2 + k_y^2} \right) dk_x dk_y.$$
これは，$k_x k_y$ 平面での極座標を使えば次のように書ける．
$$\frac{1}{2}\sum \hbar\omega = \hbar c \frac{L^2}{\pi^2} \frac{\pi}{2} \sum_{(0)1}^\infty \int_0^\infty \sqrt{n^2 \frac{\pi^2}{a^2} + \kappa^2} \kappa d\kappa.$$
ここで，(0)1 という表記は $n=0$ の項では $\frac{1}{2}$ 倍することを意味する．a が十分大きい場合には最後の和も積分に置き換えられる．よって容易に，相互作用エネルギーは次式で与えられることがわかる．
$$\delta E = \hbar c \frac{L^2}{\pi^2} \frac{\pi}{2} \left(\sum_{(0)1}^\infty \int_0^\infty \sqrt{n^2 \frac{\pi^2}{a^2} + \kappa^2} \kappa d\kappa - \frac{a}{\pi} \int_0^\infty \int_0^\infty \sqrt{k_z^2 + \kappa^2} \kappa d\kappa dk_z \right).$$
この表示から有限の値をとり出すために次に定める関数 $f\left(\frac{k}{k_m}\right)$ を被積分関数に掛けたものを考える．関数 $f\left(\frac{k}{k_m}\right)$ は $k \ll k_m$ のときは 1, $\left(\frac{k}{k_m}\right) \to$

∞ のとき 0 に急激に近づく関数で，k_m は $f(1) = \dfrac{1}{2}$ によって定義される値である．物理的意味は明白で，ごく短い波（X 線など）にとって金属板の存在はほとんど障害にならず，そのため，これらの波の零点エネルギーは金属板の位置による影響を受けない．$u = \dfrac{a^2 \kappa^2}{\pi^2}$ と変数変換すると

$$\delta E = L^2 \hbar c \frac{\pi^2}{4a^3} \left\{ \sum_{(0)1}^{\infty} \int_0^{\infty} \sqrt{n^2 + u} f\left(\frac{\pi\sqrt{n^2+u}}{ak_m}\right) du \right.$$
$$\left. - \int_0^{\infty} \int_0^{\infty} \sqrt{n^2+u} f\left(\frac{\pi\sqrt{n^2+u}}{ak_m}\right) du\, dn \right\}$$

である．次のオイラー–マクローリンの公式

$$\sum_{(0)1}^{\infty} F(n) - \int_0^{\infty} F(n) dn = -\frac{1}{12} F'(0) + \frac{1}{24 \times 30} F'''(0) + \cdots$$

を用いてこれを計算しよう．$w = u + n^2$ と変換すると

$$F(n) = \int_{n^2}^{\infty} w^{1/2} f\left(\frac{w^{1/2}\pi}{ak_m}\right) dw$$

である†．よって次がわかる．

$$F'(n) = -2n^2 f\left(\frac{n\pi}{ak_m}\right)$$
$$F'(0) = 0$$
$$F'''(0) = -4.$$

高階微分の項は $\left(\dfrac{\pi}{ak_m}\right)$ のべきを含んでいる．したがって，$ak_m \gg 1$ である限り次式が成り立つ．

$$\frac{\delta E}{L^2} = -\hbar c \frac{\pi^2}{24 \times 30} \frac{1}{a^3}.$$

よって，単位 cm² 当たりの力は

$$F = \hbar c \frac{\pi^2}{240} \frac{1}{a^4} = 0.013 \frac{1}{a_\nu^4} \text{ dyne/cm}^2$$

となる．ここで a_ν はミクロ単位で測った長さである．

このようにして私たちは次の結論に至る．2 枚の金属板の間には引力が存

---

† ［訳註］論文では $f\left(\dfrac{w\pi}{ak_m}\right)$ となっていたが，単なるミスプリントであろう．

在する．その引力は，距離と同程度の波長をもつ波に対して，その磁場侵入長がきわめて小さくなるくらいに距離を十分大きくとれば，金属の種類によらない．この力は電磁波の零点圧力として解釈される．その効果は小さいが実験での確認は実行不可能とは思えず，少なからず興味をひくものであろう．

Natuurkundig Laboratorium der N. V. Philips'
Gloeilamoefabrieken, Eindhoven.

問の略解

第 2 章

問 2.1 (p.35) $\Gamma\left(\dfrac{s}{2}\right)$ を積分表示し, $t \mapsto \pi n^2 t$ なる変換を施せば

$$\frac{\Gamma\left(\dfrac{s}{2}\right)}{(\pi n^2)^{s/2}} = \int_0^\infty e^{-\pi n^2 t} t^{s/2-1} dt.$$

ここで, $\mathrm{Re}(s) > 1$ のとき,

$$\zeta(s) = \sum_{n=1}^\infty \frac{1}{n^s}$$

である.上の式で n について和をとると,項別積分することにより (♮) が得られる.

第 3 章

問 3.3 (p.59) $j \geq k$ として
$$\begin{aligned}
(v_j, v_k) &= (a^\dagger v_{j-1}, v_k) \\
&= (v_{j-1}, a v_k) = 2k(v_{j-1}, v_{k-1}) \\
&= \cdots = 2^k k! (v_{j-k}, v_0).
\end{aligned}$$
ここで $a v_0 = 0$ だから
$$= \begin{cases} 2^k k! (v_0, v_0) & (j = k) \\ 0 & (j \neq k). \end{cases}$$
ところで
$$(v_0, v_0) = \int_{-\infty}^\infty e^{-x^2} dx = \Gamma\left(\frac{1}{2}\right) = \sqrt{\pi}$$
だから,結果を得る.

第 4 章

問 4.2 (p.68) $\exp tX = e^{tX}$ などと書くと
$$[d\pi(X), d\pi(Y)] = \frac{d^2}{dt\,ds}\pi(e^{tX}e^{sY})v\bigg|_{t=s=0} - \frac{d^2}{ds\,dt}\pi(e^{sY}e^{tX})v\bigg|_{s=t=0}$$

ところで，$e^X = I + X + \frac{1}{2}X^2 + \frac{1}{6}X^3 + \cdots$ だからキャンベル-ハウスドルフの公式より

$$e^{tX}e^{sY} = \exp\left(tX + sY + \frac{ts}{2}[X,Y] + O(3)\right)$$
$$= I + (tX + sY) + \frac{ts}{2}[X,Y] + \frac{1}{2}(tX + sY)^2 + O(3).$$

ただし，ここで $O(3)$ は，文字 t,s に関して（同次）3 次以上の項を表している．したがって

$$\left.\frac{d^2}{dtds}\pi(e^{tX}e^{sY})v\right|_{t=s=0} = d\pi\left(\frac{1}{2}[X,Y] + \frac{1}{2}(XY + YX)\right)$$

となり，よって

$[d\pi(X), d\pi(Y)]$
$= d\pi\left(\frac{1}{2}[X,Y] + \frac{1}{2}(XY + YX)\right) - d\pi\left(\frac{1}{2}[Y,X] + \frac{1}{2}(YX + XY)\right)$
$= d\pi([X,Y]).$

問 4.3 (p.70)
$$\mathrm{ad}(X)^2 Z = [X,[X,Z]] = X^2 Z - 2XZX + ZX^2$$

を用いて $\mathrm{tr}\,\mathrm{ad}(X)^2$ を $\mathfrak{o}_n$ の基底 $\{X_{ij}\}_{1\le i<j\le n}$ ($X_{ij} := E_{ij} - E_{ji}$) に関して根気よく計算すればよい．すると $B(X,X) = \mathrm{tr}\,\mathrm{ad}(X)^2 = (n-2)\mathrm{tr}\,X^2$ であることがわかるので，X のかわりに $X+Y$ を代入して，B が対称かつ双線型であることを用いれば

$$B(X,Y) = (n-2)\,\mathrm{tr}\,(XY)$$

が得られる．

問 4.6 (p.78) $\tilde{f}$ が $\mathbb{R}^2$ の多項式であることを示すためには，① より $\tilde{f} \in \ker\left(x_{n+1}\frac{\partial}{\partial r} - r\frac{\partial}{\partial x_{n+1}}\right)$ を示せばよい．ところが，$\frac{\partial}{\partial x_i} = \frac{\partial r}{\partial x_i}\frac{\partial}{\partial r} = \frac{x_i}{r}\frac{\partial}{\partial r}$ より $\frac{\partial}{\partial r} = \frac{r}{x_i}\frac{\partial}{\partial x_i}$ だから

$$x_{n+1}\frac{\partial}{\partial r} - r\frac{\partial}{\partial x_{n+1}} = x_{n+1}\frac{r}{x_i}\frac{\partial}{\partial x_i} - r\frac{\partial}{\partial x_{n+1}}$$
$$= \frac{r}{x_i}\left(x_{n+1}\frac{\partial}{\partial x_i} - x_i\frac{\partial}{\partial x_{n+1}}\right)$$

であり，$f \in \ker\left(x_{n+1}\frac{\partial}{\partial x_i} - x_i\frac{\partial}{\partial x_{n+1}}\right)$ ($\forall i$) なので O.K.

第 5 章

問 5.2 (p.93) ガウス-ボンネの定理より
$$\text{面積} = 8 \times \left(\pi - \frac{\pi}{4} - \frac{2\pi}{8} \right) = 4\pi.$$

問 5.4 (p.100) 円の中心は i であるとしてよい.
$$\cosh d(i, z) = 1 + \frac{|z-i|^2}{2 \operatorname{Im}(z)} = \frac{x^2 + y^2 + 1}{2y}$$

であるから,
$$d(i,z) \leq r \iff x^2 + y^2 + 1 \leq 2y \cosh r$$
$$\iff (y - \cosh r)^2 \leq \sinh^2 r - x^2.$$

よって, i を中心として, 半径 r の円の面積 A は

$$\begin{aligned}
A &= \iint_{d(i,z) \leq r} \frac{dxdy}{y^2} \\
&= 2 \sinh r \int_0^{\pi/2} d\theta \cos\theta \int_{\cosh r - \sinh r \cos\theta}^{\cosh r + \sinh r \cos\theta} \frac{dy}{y^2} \quad (x = (\sinh r)\sin\theta \text{ とおいた}) \\
&= 4 \sinh^2 r \int_0^{\pi/2} \frac{\cos^2 \theta}{\cosh^2 r - \sinh^2 r \cos^2 \theta} d\theta \\
&= 4 \int_0^{\pi/2} \frac{1 - \sin^2 \theta}{\sin^2 \theta + \dfrac{1}{\sinh^2 r}} d\theta \\
&= 4 \int_0^{\pi/2} \left\{ -1 + \frac{\cosh^2 r}{\sinh^2 r} \frac{1}{\sin^2 \theta + \dfrac{1}{\sinh^2 r}} \right\} d\theta \\
&= 4 \left[-\frac{\pi}{2} + \frac{\pi}{2} \frac{\cosh^2 r}{\sinh^2 r} \frac{\sinh^2 r}{\cosh r} \right] \quad (\because \text{積分公式}) \\
&= 2\pi (\cosh r - 1)
\end{aligned}$$

第 6 章

問 6.1 (p.128) (1) は $M(\sigma) = \bigl(\delta_{i\sigma(k)}\bigr)_{i,k}$, $M(\tau) = \bigl(\delta_{k\tau(j)}\bigr)_{k,j}$ としたとき, M が $M(\sigma)M(\tau) = M(\sigma\tau)$ を満たすことを示せばよいが, この左辺の (i,j) 成分は

$$\sum_{k=1}^{n} \delta_{i\sigma(k)} \delta_{k\tau(j)} = \begin{cases} 1 & (i = \sigma\tau(j)) \\ 0 & (i \neq \sigma\tau(j)) \end{cases}$$
$$= \delta_{i\sigma\tau(j)}$$

となるのでよい．

(2) M は正則行列 P によって上三角化し

$$P^{-1}MP = \begin{pmatrix} \alpha_1 & & * \\ & \ddots & \\ 0 & & \alpha_n \end{pmatrix}$$

とすると

$$\begin{aligned}
\log\det(1 - P^{-1}MPu) &= \log\det\begin{pmatrix} 1-\alpha_1 u & & * \\ & \ddots & \\ 0 & & 1-\alpha_n u \end{pmatrix} \\
&= \log\left((1-\alpha_1 u)\cdots(1-\alpha_n u)\right) \\
&= -\sum_{m=1}^{\infty} \frac{\alpha_1^m + \cdots + \alpha_n^m}{m} u^m
\end{aligned}$$

となる．ここで，

$$\begin{aligned}
\mathrm{tr}(M^m) &= \mathrm{tr}(P^{-1}M^m P) \\
&= \mathrm{tr}((P^{-1}MP)^m) \\
&= \alpha_1^m + \cdots + \alpha_n^m
\end{aligned}$$

を用いればよい．

第 7 章

問 7.1 (p.146)　$x = p^\ell m$ ($\ell \geq 1$, $p \nmid m$) とすると，$\dfrac{\partial}{\partial p}(x) = \ell p^{\ell-1} m = p^\ell m$ より $\ell = p$．よって $x = p^p m$ ($p \nmid m$), 0．

参考文献

[1] H. B. G. Casimir: Ueber die Konstruction einer zu den irreduzibelen Darstellungen halbeinfacher kontinuierlicher Gruppen gehörigen Differentialgleichung. Proc. Kon. Ned. Acad. Wetenschap, **34** (1931), 844–846

[2] H. B. G. Casimir: On the attraction between two perfectly conducting plates. Proc. Kon. Ned. Acad. Wetenschap, **51** (1948), 793–795

[3] H. B. G. Casimir: "Haphazard Reality, Half a Century of Science.", Harper & Row, Publ. N.Y., 1983

[4] A. Capelli: Über die Zurückführung der Cayley'schen Operation Ω auf gewöhnliche Polar-Operationen, Math. Ann., **29** (1887), 331–338

[5] E. D'Hoker and D. H. Phong: On determinants of Laplacians on Riemann surfaces. Comm. Math. Phys., **104** (1986), 537–545

[6] A. Erdélyi, F. Magnus, F. Oberhettinger and F. G. Tricomi: "Higher Transcendental Functions.", McGraw-Hill, N.Y., 1953

[7] L. Euler: Variae observationes circa series infinitas. Commentarii Academiae Scientiarum Imperialis Petropolitanae, Opera Omnia (1), 14, 216–244; **9** (1737), 160–188

[8] R. Gangolli: Zeta functions of Selberg's type for compact space forms of symmetric spaces of rank one. Illinois J. Math., **21** (1977), 1–41

[9] R. Gangolli and V. S. Varadarajan: "Harmonic Analysis of Spherical Functions on Real Reductive Groups." Ergebnisse der Math. und ihrer Grenzgebiete 101, Springer-Verlag, 1988

[10] I. M. Gelfand, M. I. Graev, and I. I. Pyatetskii-Shapiro: "Representation Theory and Automorphic Functions.", Academic Press, N.Y., 1969

[11] Y. Gon and M. Tsuzuki: The resolvent trace formula for rank one Lie groups. (preprint, 2001)

[12] D. Hejhal: The Selberg trace formula and the Riemann zeta function. Duke Math. J., **43** (1976), 441–481

[13] D. Hejhal: "The Selberg Trace Formula for $PSL(2, \mathbb{R})$, Vol. 1, 2.", Springer Lecture Notes in Math., **548, 1001**. Springer-Verlag, 1976, 1983

[14] R. Howe: Remarks on classical invariant theory, (Erratum). Trans. Amer. Math. Soc. (1989), 539–570 (1990, p.823)

[15] R. Howe and E. C. Tan: "Non-Abelian Harmonic Analysis. Applications of $SL(2,\mathbb{R})$.", Springer-Verlag, 1992

[16] R. Howe and T. Umeda：The Capelli identity, the double commutant theorem, and multiplicity-free actions. Math. Ann., **290** (1991), 565–619.

[17] 加藤和也・黒川信重・斎藤毅『数論1, 2』, 岩波書店, 1996, 1998

[18] 黒川信重・栗原将人・斎藤毅『数論3』, 岩波書店, 1998

[19] K. Kimoto and M. Wakayama: Equidistribution of holonomy restricted to a homology class about closed geodesics. to appear in Forum Math., **14** (2002), 383–403

[20] 河野俊丈『曲面の幾何構造とモジュライ』, 日本評論社, 1997

[21] N. Kurokawa: On the meromorphy of Euler products I, II. Proc. London Math. Soc., **53** (1986), 1–47, 209–236

[22] N. Kurokawa: Multiple sine functions and Selberg zeta functions. Proc. Japan Acad., **67A** (1991), 61–64

[23] N. Kurokawa: Gamma factors and Plancherel measures. Proc. Japan Acad., **68A** (1992), 256–260

[24] N. Kurokawa: Multiple zeta functions: an example. Adv. Stud. in Pure Math., **21** (1992), 219–226

[25] 黒川信重『数学の夢——素数からのひろがり』, 岩波書店, 1998

[26] 黒川信重：絶対数学.『現代思想』2000 年 10 月臨時増刊「数学の思想」, 青土社, 2000, 42–51.

[27] 黒川信重編『ゼータ研究所だより』, 日本評論社, 2002

[28] N. Kurokawa, H. Kuroyama and M. Wakayama: A formula for the multiplicity of the principal series in $L^2(\Gamma\backslash G)$. Forum Math., **12** (2000), 757–766

[29] N. Kurokawa and M. Wakayama: On $\zeta(3)$. J. Ramanujan Math. Soc., **16** (2001), 205–214

[30] N. Kurokawa and M. Wakayama: Casimir effects on Riemann surfaces. Proc. Kon. Ned. Acad. Wetenschap (Indag. Math.), **12** (2002), 63–75

[31] 黒山人重『数学研究法』, 日本評論社, 1999

[32] H. Kuroyama: Dirichlet's prime number theorem for modular groups. Kyushu J. Math., **56** (2002), 293–297

参考文献 **183**

[33] S. K. Lamoreaux: Demonstration of the Casimir force in the 0.6 to 6μm range. Phys. Rev. Lett., **78** (1997), 5–8.

[34] Yu. I. Manin: Lecture on zeta functions and motives (after Deninger and Kurokawa). Astérisque, **228** (1995), 121–163

[35] 松島与三『リー環論』, 共立出版, 1956

[36] K. Milton: "The Casimir Effect: Physical Manifestations of Zero-Point Energy.", World Scientific, 2001.
※ 以下の URL からダウンロードできる (4 Jan. 1999)：
http://xxx.lanl.gov/abs/hep-th/9901011

[37] Yu. A. Neretin: "Categories of Symmetries and Infinite Dimensional Groups.", Oxford University Press, 1998 (English translation)

[38] 西尾成子『現代物理学の父ニールス・ボーア』, 中公新書 **1135**, 1993

[39] M. Noumi, T. Umeda and M. Wakayama: Dual pairs, spherical harmonics and a Capelli identity in quantum group theory. Compositio Math., **104** (1996), 227–277

[40] A. M. Odlyzko: Tables of zeros of the Riemann zeta function.
※ Odlyzko のホームページからダウンロードできる：
http://www.dtc.umn.edu/~odlyzko/

[41] 岡本清郷『フーリエ解析の展望』, 朝倉書店, 1987

[42] P. Sarnak: Class numbers of indefinite quadratic forms. J. Number Theory, **15** (1982), 229–247

[43] P. Sarnak: Determinants of Laplacians. Comm. Math. Phys., **110** (1987), 113–120

[44] P. Sarnak and M. Wakayama: Equidistribution of holonomy about closed geodesics. Duke Math. J., **100** (1999), 1–57

[45] A. Selberg: Harmonic analysis. Göttingen Lecture Notes (1954). "Collected Papers of A. Selberg, Vol.I.", Springer-Verlag (1989), 626–674

[46] A. Selberg: Harmonic analysis and discontinuous groups in weakly symmetric Riemannian spaces with applications to Dirichlet series. J. Indian Math. Soc., **20** (1956), 47–87

[47] 砂田利一『基本群とラプラシアン』, 紀伊國屋書店, 1988

[48] 梅田亨：100 年目の CAPELLI IDENTITY. 数学, **46** no.3 (1994), 206–227

[49] 梅田亨・黒川信重・若山正人・中島さち子『ゼータの世界』, 日本評論社, 1999

[50] Ch. J. de La Vallée Poussin : "Collected Works, Vol.I. Biography and Number Theory.", Tipografia, Palermo, 2000

[51] J. M. J. van Leeuwen: The Casimir Effect. Proc. Kon. Ned. Acad. v. Wetenschap Centenary issue, **100** (1997), 57–63

[52] A. B. Venkov: Spectral theory of automorphic functions. Proc. Steklov Inst. Math., **153** (1982), 1–163 (English translation)

[53] M. Wakayama: Zeta functions of Selberg's type associated with homogeneous vector bundles. Hiroshima Math. J., **15** (1985), 235–295

[54] M. Wakayama: A note on the Selberg zeta function for compact quotients of hyperbolic spaces. Hiroshima Math. J., **21** (1991), 539–555

[55] H. Weyl: "Classical Groups, Their Invariants and Representations" (2nd Edition), Princeton University Press, 1946

[56] P. V. Widder: "The Laplace Transform.", Princeton University Press, 1946

[57] 『数理科学』1999 年 3 月号，特集「跡公式」

あとがき

　カシミールの世界の旅はいかがだったでしょうか？　カシミール元という鍵を手にすると，数学がすっきりとわかってしまうことを体験されたことと思います．

　さて，2000年は特別な年でした．わが国でも，オランダと日本との交流開始の西暦1600年から400年が経つのを記念して，あの静寂な室内(真空)の女性たちを永遠の相のもとにとらえた画家フェルメール(Vermeer)の展覧会が東京や大阪で開催されたことを記憶している人も多いことでしょう．400年前，そのオランダからの船は別府湾に入ったそうです．そのときの乗組員ヤン・ヨーステンの名から，東京駅のある「八重洲」という親しみ深い地名はついたとのことです．それにしても，オランダ絵画の誇りであるフェルメールの絵を海外にもち出すことを許可したオランダ議会の英断には敬意を表すばかりです．

　ところで，さまざまなきっかけや理由があって，著者たちが「カシミール効果」や「カシミール作用素」のカシミールなる人物を捜し求めたのも一昨年のはじめ頃でした．不勉強な著者たちのインド北西部に位置するカシミール(Kashmir)地方の名にとらわれた怪しい連想からは，カシミールが結局，驚異の人ラマヌジャンのようにインド出身ではなくて，オランダの人であったということを知ったことは，新鮮な驚きでした．

　ようやく，カシミールがとても有名なオランダの物理学者であることを知り，著者のかねてからの知り合いであった彼の地ライデン大学の数学者ヴァン・ダイク教授にカシミールのことを詳しく教えて欲しいと連絡したのは2000年6月のことでした．彼は，私たちが，その直前の5月のカシミールの死を知って問い合わせてきたものだと思ったそうですが，そうではありませんでした．

　ヴァン・ダイク教授は，一年に一度の，その年は鳥取県東伯郡の東郷湖畔

であった『表現論シンポジウム』への出席ということもあり 2000 年の 11 月に来日されましたが，それは，とても重要なカシミールの学位論文を携えてでありました．本書には，その学位論文の古びた表紙の写真を取り入れることができました．

また，ヴァン・ダイク教授によれば，カシミールについての多くの詳しい話は，カシミールと親交のあった同僚の物理学者ヴァン・ルーヴェン教授から得たものであるとのことです．同教授からは，御自身の別刷り（[51]）もいただきました．両教授には，この場を借りてお礼を申し上げます．

本書ができ上がるまでには，多くの人達にたいへんお世話になりました．なかでも，著者たちの，決して美しいとはいえない原稿用紙の文字を，丹念に TEX 原稿にタイプしてくださった九州大学大学院修士課程の蘇木智恵さんと松田幸子さん，そして図版作成とすべてのファイルの完璧な統合整理，さらには数々の有益なコメントを寄せてくださった九州大学大学院博士課程・学振研究員の木本一史君にはいくら感謝してもしすぎることはありません．また，カシミールの「カシミール元」と「カシミール効果」の発見が報告されているオランダ学士院紀要の記念碑的な論文の翻訳に，たいへん熱意をもって立ち向かってくださった松田幸子さんと九州大学数学科 4 年生の百々谷哲也君にもお礼を申し上げます．付録として付けたこれらの日本語訳によって，カシミールの研究の実際がどんなものであったか，その雰囲気の一端を味わっていただけたら幸いです．また，2001 年の春，九州大学から東京工業大学に転任された落合啓之さんからは，原稿を通読し，貴重な意見をいただきました．ここに感謝をこめて記しておきます．さらに，カシミールを知るのにたいへん有益な自伝 "Haphazard Reality, Half a Century Science" を探し出して下さいました東京工業大学数学科図書事務室の鈴木則子さんに感謝いたします．そして，最後になりましたが，岩波書店編集部の吉田宇一さんと横川民雄さんのあたたかい適切な励ましがなかったら，本書は日の目を見ることがなかっただろうことを記しておかなければなりません．

この本の原稿が山場を越えたのは，2001 年 11 月 18 日にカシミール元 70 周年を記念して沖縄で開かれた『ゼータ研究集会』の折でした．そのときの

流れ星と海からの心地よかった風に感謝します．

なお，本書を校正している際，スティーヴン・ホーキング『ホーキング，未来を語る』(アーティストハウス，2001 年 12 月 21 日刊)を手にしました．そこでは，カシミール力が宇宙の根源力であることがわかり易く説かれています．一読をおすすめしたい一冊です．

カシミールは，ごく短い期間病床にあった後，2000 年 5 月 4 日に南オランダはアイントホーヘン南東郊外の町ヘーゼ(Heeze)から旅立ちました．彼の見つけたこのカシミール元が，今後の世界への重要な灯となることを著者たちは信じています．読者の方々は，文献案内や本文中で紹介されているカシミールの論文や本などを参考に，数学の世界をさらに深く旅してください．

それでは，またお目にかかりましょう．

2002 年 1 月

黒川信重，若山正人

謝　辞

　本原稿の作成に際して，以下のフリーウェアを使わせていただきました．これらのような使い心地の良いソフトを開発し，それらを無償で配布されている作者の方々に，心から感謝します．

TeX 原稿作成：木本一史，蘇木智恵，松田幸子

L'ecrivain
ちぃえむけぇ氏による Windows 用 TeX ソースエディタ．配布は
`http://www.sanynet.ne.jp/~tmk/ecrivain/`

mi(旧ミミカキエディット)
上山大輔氏による Macintosh 用汎用ソースエディタ．配布は
`http://www.asahi-net.or.jp/~gf6d-kmym/`

WinTpic
堀井雅司氏による，TeX の図形用 special 命令をドローソフトの感覚で作成できる Windows 用ソフト．本原稿のすべての図版は，このソフトを用いて描かれている．配布先は
`http://www.vector.co.jp/soft/win95/writing/se061886.html`

索　引

ア 行

アルチン L 関数　125
アルチン予想　125
1次元絶対コホモロジー　159
1次分数変換　86
1パラメータ部分群　66
一般線型群　65
岩沢分解　115
ウェイト　55
ヴェイユ表現　53
永遠なる宇宙　83
n 次対称群　127
$\mathbb{F}_1$ 線型性　147, 154
円周角の定理　88
オイラー積　9
オイラー定数　136
オイラー(の次数)作用素　56
オイラーの方法　20
オイラー–マクローリンの和公式　22

カ 行

外積代数　71
ガウス–ボンネの定理　91
カシミールエネルギー　26, 116, 118
カシミール元　14, 47, 70, 132
カシミール効果　20, 114
カシミール作用素　47
カシミール力　20, 33, 122
カペリ型の恒等式　73
カルタンによる判定条件　47
ガロア群　17
ガロア体　8, 144
ガロア場　11, 144

ガロア理論　17, 39
関数等式　34, 106
完全可約　51, 52
環のゼータ　11
完備化されたリーマンゼータ　34
ガンマ因子　34, 103
ガンマ関数　14
ガンマ関数の倍数公式　33
ガンマ関数の反射公式　121
基本群　15
基本単数　112
基本領域　97
既約　51
既約表現　107
キャンベル–ハウスドルフの公式　68
球フーリエ変換　103
球面調和関数　63, 80
行列式表示　123, 124
行列の指数写像　66
キリング形式　43, 44
グロタンディーク　130
クロネッカー積　147
群作用のゼータ　125
$\mathfrak{g}$ 加群　45
$\mathfrak{g}$ のイデアル　41
$\mathfrak{g}$ の随伴表現　43
$\mathfrak{g}$ の中心　43
$\mathfrak{g}$ の微分　43
合同ゼータ　130
固定点　94, 126
固有多項式　124
固有値　124
根本微分　146

サ行

作用　65
軸　94
4元数体　94
自明な零点　36
シューアの補題　51, 106
種数　105
シュレディンガー方程式　56
消滅演算子　25
真空エネルギー　26
真空期待値　26
真空の力　83
スキーム　131
スチルチェス積分　110
スペクトル　103, 124
スペクトルのゼータ関数　59
スペクトル分解　116
生成演算子　25
跡公式　102, 127
ゼータ　9
ゼータ正規化　14, 133
ゼータ正規化積　133, 134
絶対カシミール元　159
絶対数学　144
絶対線型代数　147
絶対微分　147, 156
絶対リー環　160
セルバーグ跡公式　32, 101
セルバーグゼータ　13
素因数分解の一意性　10
双曲元　94
双曲的 n 角形　91
双曲的三角形　91
双曲的世界　93
双曲的ラプラシアン　114
測地線　13, 85
素元　98

素弦　98
素元定理　111
素数公式　37, 111
素数定理　37, 100
素測地線　98
素測地線定理　107
素閉測地線　98

タ行

対称群　65
タイヒミュラー空間　122
タウバー型定理　110
楕円元　94
単純　41
置換行列　126
中心　48
超弦理論　102
調和振動子　25
調和多項式　78
直交群　64
直交リー環　67
ディリクレ型の素元定理　111
テータ関数　119
テータ変換公式　34
展開環　46
テンソル積　131
テンソル積表現　55
テンソル代数　46
等高線　139
導分　144
特殊線型群　45, 86
ドリーニュの方法　132
トレース　103

ハ行

ハッセゼータ　12
ハッセゼータ関数　125
半単純　42

非可換版のポアソンの和公式　102
非可換類体論予想　125
非自明な零点　35, 36
非調和比　87
微分　144
微分作用素環　115
微分表現　68
非ユークリッド幾何　33
表現　43
フェルマー予想　10, 17, 125
複素上半平面　84
不定値2元2次形式　112
不動点　126
不動点定理　127
部分表現　51
部分リー環　41
普遍被覆空間　15, 84
不変部分空間　51
普遍包絡環　46
プラナの和公式　30, 117
プランシュレル測度　103
フーリエ級数　13
フーリエ変換　34
フルビッツゼータ　135
フロベニウス作用素　17
フロベニウス写像　130
閉測地線　97
平方非剰余　96
ベクトル場　161
ベルヌーイ数　22
ポアソンの和公式　34
放物元　94
忘和　146

マ,ヤ 行

無限次元リー環　161

無限大の繰り込み　20, 29
メビウスの関数　140
メリン変換　120
モノイド　149, 151

ヤコビ律　40
有限軌道　128

ラ,ワ 行

ライプニッツ則　144
ラプラシアン　64
ラプラス作用素　14
ラプラス変換　120
ラングランズ予想　17, 125
リー環　40
リー環の準同型写像　42
リー群　65, 84
離散部分群　84, 93
立体射影　87
リーブラケット　40
リーマン　134
リーマンゼータ関数　33
リーマンの素数公式　140
リーマン面　84, 118
リーマン予想　10, 35, 124, 130
リーマン予想証明のたしかな道　101
リーマン予想成立　121
リーマン予想の類似　128
留数定理　30
類数　112
零点エネルギー　26
レルヒ　134

歪エルミート作用素　140

■岩波オンデマンドブックス■

絶対カシミール元

```
2002 年 2 月22日   第 1 刷発行
2007 年 4 月16日   第 4 刷発行
2015 年 8 月11日   オンデマンド版発行
```

著 者　黒川信重（くろかわのぶしげ）　若山正人（わかやままさと）

発行者　岡本　厚

発行所　株式会社 岩波書店
　　　　〒101-8002 東京都千代田区一ツ橋2-5-5
　　　　電話案内 03-5210-4000
　　　　http://www.iwanami.co.jp/

印刷／製本・法令印刷

Ⓒ Nobushige Kurokawa & Masato Wakayama 2015
ISBN 978-4-00-730244-2　　Printed in Japan